服装设计
与制板系列

CorelDRAW
服装设计
实用教程（第五版）

吴玲 马仲岭 朱渤◎主编

U0280023

人民邮电出版社

北 京

图书在版编目（ＣＩＰ）数据

CorelDRAW服装设计实用教程 / 吴玲，马仲岭，朱渤
主编. -- 5版. -- 北京 ：人民邮电出版社，2023.3
　（服装设计与制板系列）
　ISBN 978-7-115-59224-8

Ⅰ．①C… Ⅱ．①吴… ②马… ③朱… Ⅲ．①服装设
计－计算机辅助设计－图形软件－教材 Ⅳ．①TS941.26

　中国版本图书馆CIP数据核字(2022)第073658号

内 容 提 要

　　本书是以 CorelDRAW 2021 为平台，以计算机绘图为特色，研究和探讨数字化服装设计的专业教程。通过学习本书，读者能够利用 CorelDRAW 2021 绘制各种服装图案、服装款式图、服装效果图等。本书为数字化服装设计教学提供了贴合实际工作场景的教学内容，也为服装设计提供了简单可行的数字化绘制技巧。

　　本书介绍了 CorelDRAW 2021 的基本功能，与服装设计制图相关的工具和功能，以及服装色彩设计、服装图案设计、服装部件和局部设计、单件服装的设计与表现、时装画基本技法、时装画的计算机表现技法等内容。

　　本书可以作为高等院校、中等职业学校服装设计专业的教材，也可以作为培训机构的培训教材和服装设计从业人员的技术参考书。

◆ 主　　编　吴　玲　马仲岭　朱　渤
　　责任编辑　李永涛
　　责任印制　王　郁　胡　南

◆ 人民邮电出版社出版发行　　北京市丰台区成寿寺路 11 号
　　邮编　100164　电子邮件　315@ptpress.com.cn
　　网址　https://www.ptpress.com.cn
　　涿州市京南印刷厂印刷

◆ 开本：787×1092　1/16
　　印张：17.75　　　　　　　　2023 年 3 月第 5 版
　　字数：418 千字　　　　　　2023 年 3 月河北第 1 次印刷

定价：69.90 元

读者服务热线：(010)81055410　印装质量热线：(010)81055316
反盗版热线：(010)81055315
广告经营许可证：京东市监广登字 20170147 号

关于本书

本书是数字化服装设计专业教材，自 2006 年推出第一版后，至今已经出版了四版，受到广大读者的喜爱，已经被多次印刷，累计销量达 8 万余册。许多高等院校、中等职业学校都将其作为数字化服装专业教材。另外，关于本书许多读者给予了宝贵的意见和中肯的建议，在此向所有关注数字化服装教育的读者表示衷心感谢。本书作为第五版，主要是采用了 CorelDRAW 2021 中文版软件重新制作了案例，对涉及软件升级的图片和文字也都进行了更新。

数字化设计师是为了区别传统意义上的服装设计师而使用的名称。服装设计师就是通过市场调查，依据服装流行趋势，利用现有材料和工艺或创造新的材料和工艺，设计出能够体现某种风格、表现某种思想、传达某种文化的服装样式的服装设计人员。这些服装样式需要通过某种方式，如口头、文字或绘画等加以表达，目前手工绘画是主要的表达方式，这也是传统意义上服装设计师要做的工作。数字化设计师就是利用现代计算机技术进行服装设计的人员。

利用手工绘画方式设计的服装形式多样，能够充分体现设计师的个人风格。但是这种方式对设计师的绘画基础要求较高，且作品的修改难度较大，在服装系列化设计方面很难提高工作效率。而利用计算机技术进行服装设计则能够有效克服上述弊端，大幅度提高工作效率，同时也为爱好服装设计的人学习服装设计开辟了一条捷径，使他们能够避开复杂的人体绘画程序，利用现有的人体图片或其他数字化人体图形直接进行服装设计，在进行服装色彩、服装材料、服装款式等系列设计时更加得心应手。而编写本书的主要目的也是使绘画基础不太好的服装设计人员能够更加高效地进行服装设计和提高服装设计的普及率。

在进行数字化服装设计时，既可以使用专业服装设计软件，也可以使用非专业软件。目前用于服装设计的非专业软件主要有 AutoCAD、Photoshop 和 CorelDRAW 等。AutoCAD 是机械设计专业软件，在设计服装方面还存在很多不足和缺陷；Photoshop 是专业图像效果处理软件，在绘图上也存在不足；而 CorelDRAW 在绘图和效果处理等方面都更有优势。本书专门讨论如何使用 CorelDRAW 2021 进行服装设计。

本书共 7 章，主要介绍 CorelDRAW 2021 的基本内容和其与服装设计相关的工具与功能，以及服装部件和局部款式设计、单件服装的款式设计、服装色彩设计原理及服装配色技巧、服装图案设计原理及图案在服装设计上的应用、时装画基本技法、时装画的计算机表现技法等内容。各章内容的简要介绍如下。

第 1 章介绍 CorelDRAW 2021 的界面、菜单栏、标准工具栏、属性栏、工具箱、调色板、常用选项及面板、文件的打印和输出等，目的是使初学者对该软件有一个全面、系统的了解，使其在以后的学习与操作中能够顺利地找到需要使用的工具。

第 2 章介绍服装色彩设计的理论与方法，包括色光原理、色彩的三要素、色彩对比、色彩心理、服装色彩设计的原则与方法，以及服装色彩搭配技巧。

第 3 章介绍服装图案设计的理论与方法，包括图案概述、图案的形式美法则、图案结构、图案的变化形式、服装图案的特点与设计原则等，其中着重讲解计算机技术在图案设计中的应用方法与技巧。

第 4 章介绍服装部件和局部设计的理论与方法，包括领子、袖子、门襟、口袋、腰头等的设计与表现，着重讲解利用计算机设计服装局部款式的方法。

第 5 章介绍单件服装的设计与表现的理论与方法，包括服装款式设计中的形式美法则、服装款式设计与表现概论，并分类介绍上衣、裤子、裙子等的设计与表现等。

第 6 章介绍时装画基本技法，包括时装画概述、时装画的人体比例、时装画的人体姿态、头部的比例与画法、手和脚的画法、时装画的画法、常用服饰配件的数字化绘制、常用服装面料效果的制作等。

第 7 章介绍时装画的计算机表现技法，包括匀线表现技法、粗细线表现技法、黑白灰表现技法、色彩平涂表现技法、色彩明暗表现技法、色彩对比表现技法、色彩点缀表现技法、色彩调和表现技法、材料填充表现技法、裘皮大衣效果图的绘制、皮革服装效果图的绘制等，并提供各种表现技法的实例。

本书内容是编者多年教学与实践经验的总结，其基本保持了第四版的结构，并结合了读者意见，使之更符合读者的学习需要，以使读者获得更好的学习效果。由于编者水平有限，书中错误在所难免，衷心希望广大读者批评指正，以使本书内容进一步完善。感谢为本书再版给予指导和帮助的所有人。

读者在学习本书的过程中如果遇到问题，可与李永涛（邮箱：liyongtao@ptpress.com.cn）联系。

编者

2022 年 3 月

目　　录

第1章

CorelDRAW 2021 简介

CorelDRAW 是目前使用最广泛的平面设计软件之一，使用该软件不仅能够完成艺术设计领域的设计任务，还可以完成服装设计领域的设计任务。CorelDRAW 具有界面友好、操作视图化、成本低廉、通用性高等优势。因此，数字化服装设计师使用该软件进行设计是一个明智的选择。

CorelDRAW 2021 的功能十分强大，数字化服装设计只需用到其中的部分功能。本章只对数字化服装设计经常涉及的界面、菜单栏、标准工具栏、属性栏、工具箱、调色板、常用选项及面板，以及文件的打印和输出等进行简单的介绍，具体的使用方法将在后面的章节中讲解。读者通过对本章的学习，应对 CorelDRAW 2021 有一个基本了解，掌握常用命令和工具的用法，并能熟练地找到需要的命令和工具。

 ## 1.1　CorelDRAW 2021 的界面

在应用商店购买或在网上下载 CorelDRAW 2021 后，在 Windows 操作系统中按说明安装软件。软件安装完成后，选择【 ■ 】→【 CorelDRAW 2021 (64-Bit) 】命令或双击快捷图标 ，即可打开 CorelDRAW 2021，打开后的界面如图 1-1 所示。

图 1-1

新建一个文件，打开一张新的图纸，如图 1-2 所示。

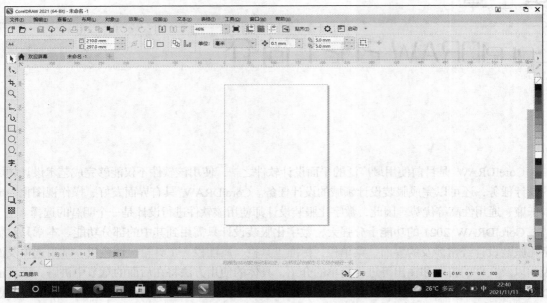

图 1-2

在 CorelDRAW 2021 的界面中，默认状态下的常用项目包括标题栏、菜单栏、标准工具栏、属性栏、工具箱、调色板、工作区和图纸、原点和标尺、状态栏，如图 1-3 所示。

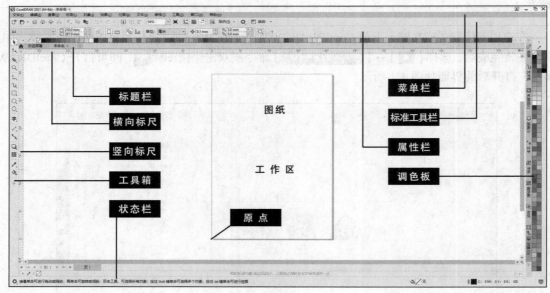

图 1-3

一、标题栏

图 1-3 中的 未命名 -1 是标题栏，表示现在打开的界面是 CorelDRAW 2021 中的一张空白图纸，

其名称是"未命名-1"。

二、菜单栏

图 1-3 所示的界面上方的第 2 行是菜单栏，如图 1-4 所示。菜单栏中的所有菜单都是可以展开的，包括文件、编辑、查看、布局、对象、效果、位图、文本、表格、工具、窗口、帮助等。通过单击相应的菜单，可以找到绘图时需要用到的大部分工具和命令。

图 1-4

三、标准工具栏

图 1-3 所示的界面上方的第 3 行是标准工具栏，如图 1-5 所示。标准工具栏是一般应用程序都具有的项目，包括新建、打开、保存、打印、剪切、复制、粘贴、撤销、重做、导入、导出、显示比例等工具，这些都是经常会用到的工具。

图 1-5

四、属性栏

图 1-3 所示的界面上方的第 4 行是属性栏，如图 1-6 所示。属性栏是交互式的，选择不同的工具或命令时，展现的属性栏是不同的。例如，当打开一张空白图纸，什么也不选择时，该栏描述的是图纸的属性，包括图纸的大小、方向、绘图单位等属性。当绘制一个图形对象并将其选中时，该栏描述的是选中对象的属性。

图 1-6

五、工具箱

图 1-3 所示的界面左侧竖向摆放的是工具箱，如图 1-7 所示（这里为了排版方便将其横向摆放）。其中是常用的绘图工具，包括选择工具、形状工具、裁剪工具、缩放工具、手绘工具、艺术笔工具、矩形工具、椭圆形工具、多边形工具、文本工具、平行度量工具、直线连接器工具、阴影工具、透明度工具、颜色滴管工具、交互式填充工具等。若工具右下方带有黑色小三角形图标，表示该工具包含下拉菜单，下拉菜单中的工具是该类工具的细化工具。最后一个图标用于设置工具，单击该图标，可以进行工具图标的显示设置，也可以通过【工具】→【自定义】，对工具图标进行设置，如选择自己喜欢的图标。

图 1-7

六、调色板

图 1-3 所示的界面右侧竖向摆放的是调色板，如图 1-8 所示（这里为了排版方便将其横向摆

放）。默认状态下调色板中显示的是常用颜色，单击调色板中的滚动按钮 <，调色板会向上滚动，以显示更多的颜色。单击调色板中的展开按钮 ，可以展开整个调色板并显示所有颜色。

图 1-8

七、工作区和图纸

图 1-3 中，CorelDRAW 2021 界面中间的白色区域是工作区。工作区内有一张图纸，默认状态下，图纸按 A4 纸的宽度、高度显示。可以通过缩放工具或显示比例功能来改变图纸的显示比例。可以显示全部图形，也可以显示选中的部分图形。绘图工作就是在工作区内的图纸上进行的。

八、原点和标尺

图 1-3 中，在工作区上方的尺子是横向标尺，在工作区左侧的尺子是竖向标尺，标尺在默认状态下是以 10 进制显示的，可通过属性栏设置绘图单位。移动鼠标指针时，可以看到两个标尺上各有一条虚线在移动，以显示鼠标指针所处的准确位置，便于绘图时准确定位。

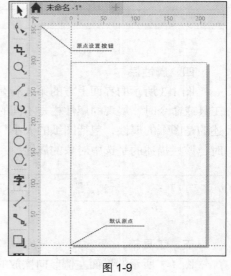

默认状态下，绘图原点处于图纸的左下角，横向标尺与竖向标尺交叉处的 按钮是原点设置按钮，如图 1-9 所示。在原点设置按钮处按住鼠标左键，拖曳鼠标可以将原点放置在任何需要的位置，便于在绘图时设置合理的起始位置，且方便测量和绘图。

九、状态栏

图 1-3 所示的界面中最下方的是状态栏。当绘制一个图形对象并将其选中时，该栏中将显示选中图形对象的高度、宽度、中心位置、填充情况等信息。

图 1-9

1.2　CorelDRAW 2021 菜单栏

菜单栏用于存放 CorelDRAW 2021 的常用命令，包括文件、编辑、查看、布局、对象、效果、位图、文本、表格、工具、窗口、帮助等。本节主要对常用命令进行介绍。

1.2.1　文件

单击菜单栏中的【文件】即可打开图 1-10 所示的菜单。该菜单中的每一个命令都可以完成一项工作任务，其中右侧有黑色三角形的命令表示该命令下有子菜单。命令名称后面的英文组合是该命令的快捷键，直接按相应的快捷键也可以完成同样的工作任务。例如，

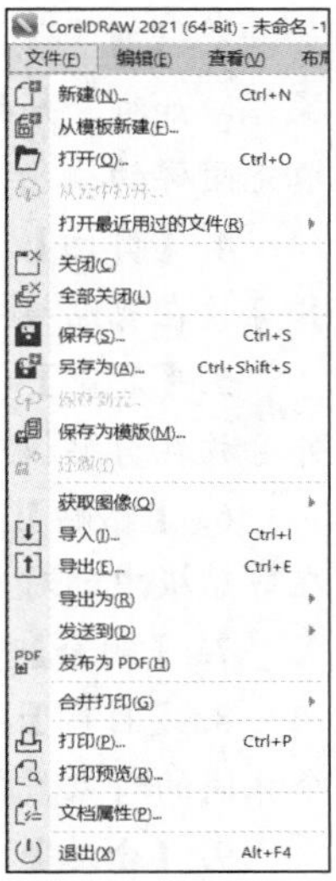

图 1-10

表示【新建】命令的快捷键是 Ctrl + N。下面介绍该菜单中的常用命令。

1.【新建】：选择 新建(N)... Ctrl+N 命令，可以打开一张空白图纸，即建立一个新文件。默认状态下，图纸大小与 A4 纸大小相同且为竖向摆放，绘图单位为毫米，文件名称为"未命名-1"；该命令的快捷键是 Ctrl + N。

2.【从模板新建】：选择 从模板新建(F)... 命令，将打开【从模板新建】对话框，可以从中选择合适的模板建立一个新文件。该命令可以根据已有模板建立一个新文件，以节省时间，提高工作效率。

3.【打开】：选择 打开(O)... Ctrl+O 命令，将打开【打开绘图】对话框，可以从中选择并打开已经存在的某个文件，以便继续进行绘图工作或对该文件进行修改等；该命令的快捷键是 Ctrl + O。

4.【关闭】：选择 关闭(C) 命令，可以关闭当前打开的文件。

5.【保存】：选择 保存(S)... Ctrl+S 命令，将打开【保存绘图】对话框，可在其中将当前文件保存在指定的目录下；该命令的快捷键是 Ctrl + S。

6.【另存为】：选择 另存为(A)... Ctrl+Shift+S 命令，将打开【另存为】对话框，可在其中将当前文件保存为其他名称或保存在其他目录下；该命令的快捷键是 Ctrl + Shift + S。

7.【导入】：选择 导入(I)... Ctrl+I 命令，将打开【导入】对话框，可在其中选择某个已有的 JPEG 格式的位图文件，并将其导入当前文件中；该命令的快捷键是 Ctrl + I。

8.【导出】：选择 导出(E)... Ctrl+E 命令，将打开【导出】对话框，可在其中将当前文件的全部或部分图形导出为 JPEG 格式的文件，并保存在其他目录下；该命令的快捷键是 Ctrl + E。

9.【打印】：选择 打印(P)... Ctrl+P 命令，将打开【打印】对话框，可在其中将当前文件打印并输出；该命令的快捷键是 Ctrl + P。

10.【打印预览】：选择 打印预览(R)... 命令，将打开【打印预览】对话框，可在其中设置打印文件的准确性，以便能够正确地打印文件。

11.【退出】：选择 退出(X) Alt+F4 命令，可以退出 CorelDRAW 2021 软件；该命令的快捷键为 Alt + F4。

1.2.2 编辑

单击菜单栏中的【编辑】即可打开图 1-11 所示的菜单。下面介绍该菜单中的常用命令。

1.【撤消创建】：选择 撤消创建(U) Ctrl+Z 命令，可以将此前执行的一步操作撤销，连续单击可以撤销此前执行的若干步操作，以便对错误的操作进行纠正；该命令的快捷键是 Ctrl + Z。

2.【重做】：选择 重做(E) Ctrl+Shift+Z 命令，可以恢复此前撤销的一步操作，连续单击可以恢复此前撤销的若干步操作；该命令的快捷键是 Ctrl + Shift + Z。

图 1-11

3. 【重复】：选择 重复(R) Ctrl+R 命令，可以对选中的某个对象重复执行此前的操作，如对"矩形 1"填充了一种红色，选中"矩形 2"，选择【重复】命令，可以对"矩形 2"填充同样的红色；该命令的快捷键是 Ctrl + R 。

4. 【剪切】：选择 剪切(T) Ctrl+X 命令，可以将选中的对象从当前文件中剪切下来，并存放在剪贴板中；该命令的快捷键是 Ctrl + X 。

5. 【复制】：选择 复制(C) Ctrl+C 命令，可以将选中的对象从当前文件中复制下来，并存放在剪贴板中；该命令的快捷键是 Ctrl + C 。

6. 【粘贴】：选择 粘贴(P) Ctrl+V 命令，可以将通过【剪切】或【复制】命令存放在剪贴板中的对象贴入当前文件中；该命令的快捷键是 Ctrl + V 。

7. 【删除】：选择 删除(L) 删除 命令，可以将选中的对象从当前文件中删除。

8. 【再制】：选择 再制(D) Ctrl+D 命令，可以对选中的对象进行一次再制，即增加一个相同的对象，单击多次可以增加多个相同的对象；该命令的快捷键是 Ctrl + D 。

9. 【全选】：选择 全选(A) ▶ 命令，可以将当前文件中的所有对象全部选中，以便同时进行下一步操作。

1.2.3 查看

单击菜单栏中的【查看】即可打开图 1-12 所示的菜单。下面介绍该菜单中的常用命令。

图 1-12

1. 【线框】：选择 线框(W) 命令，该命令左侧会显示一个黑色小圆形，表示当前文件处于线框状态，文件中所有已被填充的对象将以线框的状态显示，不再显示填充内容。

2. 【增强】：选择 增强(E) 命令，该命令左侧会显示一个黑色小圆形，表示当前文件处于增强状态，增强视图可以使形状轮廓和文字更加柔和，同时可以消除锯齿边缘；选择【增强】命令时还可以选择【模拟叠印】和【光栅化复合效果】。

3. 【全屏预览】：选择 全屏预览(F) F9 命令，计算机屏幕中将只显示白色的工作区域，单击或按任意键，即可退出全屏预览状态，恢复到正常显示状态；该命令的快捷键是 F9 ，按下该快捷键，即可进入全屏预览状态；再次按下该快捷键，即可恢复到正常显示状态。

4. 【多页视图】：选择 多页视图(M) 命令，该命令左侧会显示一个"√"，表示该命令处于工作状态，在同一个视图窗口中可以同时打开多个图案对象；再次选择该命令，该命令左侧的"√"会消失，表示该命令处于非工作状态。一般情况下，【多页视图】命令处于非工作状态。

5. 【网格】：选择 网格(G) ▶ 命令，该命令左侧会显示一个"√"，表示该命令处于工作状态。选择该命令，界面中会显示虚线网格，便于在绘图时进行定位操作。网格的大小、密度是可以设置的；再次选择该命令，该命令左侧的"√"会消失，表示该命令处于非工作状态，界面中的网格也会消失。一般情况下，【网格】命令处于非工作状态。

6. 【标尺】：选择 标尺(R) Alt+Shift+R 命令，该命令左侧会显示一个"√"，表示该命令处于工作状态。选择该命令，界面中会显示横向标尺、竖向标尺和原点设置按钮；再次选择该命令，

该命令左侧的 "√" 会消失，表示该命令处于非工作状态，界面中不再显示标尺和原点设置按钮。一般情况下，【标尺】命令处于工作状态。

7. 【辅助线】：选择 辅助线(I) 命令，该命令左侧会显示一个 "√"，表示该命令处于工作状态，将鼠标指针放在标尺上，按住鼠标左键并拖曳可以从横向标尺上拖出一条水平辅助线，或从竖向标尺上拖出一条竖直辅助线；再次选择该命令，该命令左侧的 "√" 会消失，表示该命令处于非工作状态，界面中的辅助线也会消失，并且不能拖出辅助线。一般情况下，【辅助线】命令处于非工作状态。

8. 【对齐辅助线】：选择 对齐辅助线(A)　　Alt+Shift+A 命令，该命令左侧会显示一个 "√"，表示该命令处于工作状态。选择该命令，当移动一个对象时，该对象会自动对齐辅助线，便于按辅助线对齐多个图形对象；再次选择该命令，该命令左侧的 "√" 会消失，表示该命令处于非工作状态，上述功能不再起作用。

1.2.4　布局

单击菜单栏中的【布局】即可打开图 1-13 所示的菜单。下面介绍该菜单中的常用命令。

图 1-13

1. 【插入页面】：选择 插入页面(I)... 命令，将打开【插入页面】对话框，在该对话框中对插入页面的数量、方向、前后位置、规格等进行设置，确定后即可插入新的页面。

2. 【删除页面】：选择 删除页面(D)... 命令，将打开【删除页面】对话框，在该对话框中可以有选择地删除某个页面或某些页面。

3. 【切换页面方向】：选择 切换页面方向(R) 命令，可以在横向页面和竖向页面之间进行切换。

4. 【页面大小】：选择 页面大小(P)... 命令，将打开【页面大小】对话框，在该对话框中可以对当前页面的规格、大小、方向、版面等进行设置。

5. 【页面背景】：选择 页面背景(B)... 命令，将打开【页面背景】对话框，在该对话框中可以对当前页面进行无背景、各种底色背景、各种位图背景等的设置。

1.2.5　对象

单击菜单栏中的【对象】即可打开图 1-14 所示的菜单。下面介绍该菜单中的常用命令。

1. 【对齐与分布】：选择 对齐与分布(A) 命令，可以展开一个子菜单，如图 1-15 所示；利用子菜单中的命令，可以将选中的一个或一组对象进行相应的对齐操作，便于快速将选中的对象或对象组按要求对齐，提高工作效率。

2. 【顺序】：选择 顺序(O) 命令，可以展开一个子菜单，如图 1-16 所示：利用子菜单中的命令，可以对选中的一个或一组对象进行前后位置的设置，以满足绘图的需要。

3. 【组合】

（1）选择 组合(G) ▶ 命令，在其子菜单中选择 组合(G)　　Ctrl+G 命令，可以将选中的两个或两个以上的对象组合为一组对象，便于同时对它们进行移动、填充等操作；该命令的快捷键是 Ctrl + G。

图 1-14   图 1-15   图 1-16

（2）【取消群组】：选择 `组合(G)` ▶ 命令，在其子菜单中选择 `取消群组(U)   Ctrl+U` 命令，可以将选中的一组对象的群组取消，取消后其中的各个对象将变为单个对象；该命令的快捷键是 Ctrl + U 。

（3）【全部取消组合】：选择 `组合(G)` ▶ 命令，在其子菜单中选择 `全部取消组合` ，可以将文件中的所有组合全部取消。

4.【锁定】：选择 `锁定(L)` ▶ 命令，在其子菜单中选择 `锁定(L)` 命令，可以将选中的一个或多个对象锁定，锁定后不能对对象进行任何编辑操作，这便于对已经完成的一个对象或部分对象进行临时保护。

（1）【解锁】：选择 `锁定(L)` ▶ 命令，在其子菜单中选择 `解锁(K)` 命令，可以将选中的已经锁定的对象解锁，解锁后又可以对其进行编辑操作。

（2）【全部解锁】：选择 `锁定(L)` ▶ 命令，在其子菜单中选择 `全部解锁` 命令，可以将当前文件中的所有锁定对象解锁，此时可以对所有对象进行编辑操作。

5.【造型】：选择 `造型(P)` ▶ 命令，可以展开一个子单，如图 1-17 所示；通过子菜单中的命令，可以对选中的对象进行合并、修剪、相交等操作。

6.【合并】：选择 `合并(C)     Ctrl+L` 命令，可以将选中的两个或两个以上的对象结合为一个对象，同时该对象会变为曲线，可以对其进行编辑操作；该命令的快捷键是 Ctrl + L 。

7.【拆分】：选择 `拆分     Ctrl+K` 命令，可以将选中的通过【结合】 图 1-17 命令形成的对象分离为多个单个对象，还可以对因其他操作形成的结合对象进行分离；该命令的快捷键是 $\boxed{Ctrl}+\boxed{K}$。

8.【转换为曲线】：选择 $\boxed{\circlearrowleft\ \text{转换为曲线(V)}\qquad\text{Ctrl+Q}}$ 命令，可以将用矩形、椭圆形等工具直接绘制的图形转换为曲线，而后就可以对其进行编辑操作。

1.2.6 效果

单击菜单栏中的【效果】即可打开图 1-18 所示的菜单。下面介绍该菜单中的常用命令。

图 1-18

1.【三维效果】：选择 $\boxed{\text{三维效果(3)}}$ 命令，可以打开一个子菜单，如图 1-19 所示；通过子菜单中的命令，可以为位图设置三维旋转、柱面、浮雕、卷页、挤远/挤近、球面等效果。

2.【调整】：选择 $\boxed{\text{调整(A)}}$ 命令，可以打开一个子菜单，如图 1-20 所示；当选中的图形对象是 CorelDRAW 图形时，子菜单中高亮显示的命令是可以选择的，表示可以对图形对象进行相应操作；将 CorelDRAW 图形对象转换为位图格式后，高亮显示的命令同样表示可以对其进行相应操作。

3.【艺术笔触】：选择 $\boxed{\text{艺术笔触(A)}}$ 命令，可以打开一个子菜单，如图 1-21 所示；通过子菜单中的命令，可以将位图对象改变为多种不同的艺术笔触，从而获得不同的艺术效果。

图 1-19

图 1-20

图 1-21

4.【模糊】：选择 $\boxed{\text{模糊(B)}}$ 命令，可以打开一个子菜单，如图 1-22 所示；通过子菜单中的命令，可以对位图对象进行不同的模糊处理，以获得不同的艺术效果。

5.【创造性】：选择 $\boxed{\text{创造性(V)}}$ 命令，可以打开一个子菜单，如图 1-23 所示；通过子菜单中的命令，可以对位图对象进行相应的操作，以创造出多种不同的肌理，获得不同的效果。

6.【扭曲】：选择 $\boxed{\text{扭曲(D)}}$ 命令，可以打开一个子菜单，如图 1-24 所示；通过子菜单中的命令，可以对位图对象进行相应的操作，从而获得不同的效果。

7. 【杂点】：选择 杂点(N) 命令，可以打开一个子菜单，如图 1-25 所示；通过子菜单中的命令，可以为位图添加不同效果的杂点，从而获得不同的效果。

图 1-22   图 1-23   图 1-24   图 1-25

8. 【艺术笔】：选择 艺术笔 命令，界面右侧会打开一个面板，如图 1-26 所示；通过面板中的笔触类型，可以进行预设笔触、喷涂等操作，从而获得更生动、逼真的预设效果，还可以单击工具箱中的手绘工具，通过属性栏进行上述操作。

9. 【轮廓图】：选择 轮廓图(C)　Ctrl+F9 命令，可以打开一个面板，如图 1-27 所示；通过面板中的选项或按钮，可以为一个或一组对象添加轮廓，并且可以向内、向外和向中心添加轮廓，还可以控制轮廓的添加距离和数量。

10. 【透镜】：选择 透镜(S)　Alt+F3 命令，可以打开一个面板，如图 1-28 所示；通过面板中的选项，可以对一个已经填充了色彩的对象进行透明度的设置，如图 1-29 所示；当透明度为 100% 时，该对象是完全透明的，等同于无填充；当透明度为 0% 时，为完全不透明，即看不见下层的对象；当透明度处于 0%～100% 时，随着数值的变化，透明效果也将发生不同的变化。

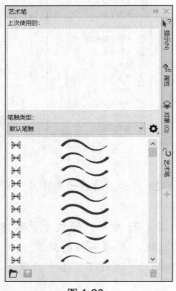

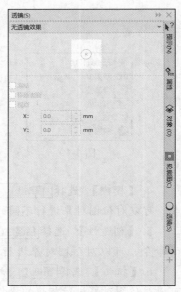

图 1-26   图 1-27   图 1-28

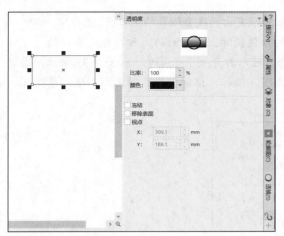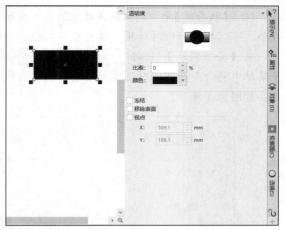

图 1-29

1.2.7　位图

单击菜单栏中的【位图】即可打开图 1-30 所示的菜单。该菜单中的每一个命令都可以完成一项工作任务。右侧有黑色三角形的命令表示该命令下有可以展开的子菜单。下面介绍该菜单中的常用命令。

1.【转换为位图】：选择 [🗔 转换为位图(J)...] 命令，可以打开一个对话框；通过该对话框可以将 CorelDRAW 图形转换为位图，还可以设置位图的颜色模式、分辨率等。只有将 CorelDRAW 图形转换为位图后，【位图】菜单下的命令才能起作用。

2.【快速描摹】：选择 [🖾 快速描摹(Q)] 命令，可以将选中的位图转换为矢量图形；还可以选中矢量图形，然后单击属性栏中的 [🗔] 图标取消组合对象，对其中的单个对象进行编辑。

3.【中心线描摹】：选择 [中心线描摹(C)　▶] 命令，可以打开一个子菜单，如图 1-31 所示；通过子菜单中的命令，可以对选中的位图对象进行技术图解、线条画等操作。

图 1-30

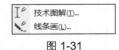

图 1-31

（1）【技术图解】命令的效果是让位图变为用很细且很淡的线条描摹的黑白图。选择 [🖊 技术图解(T)...] 命令，可以打开一个对话框，如图 1-32 所示。在【PowerTRACE】对话框中预览并编辑描摹效果。

（2）【线条画】命令的效果是让位图变为用很粗且很突出的线条描摹的黑白图。选择 线条画(L)... 命令，可以打开一个对话框，该对话框与前一个对话框实际上是相同的，作用也是类似的。

4.【轮廓描摹】：选择 轮廓描摹(O) ▶ 命令，可以打开一个子菜单，如图 1-33 所示；通过子菜单中的命令，可以对选中的位图对象进行线条图、徽标、详细徽标、剪贴画、低品质图像、高品质图像等操作。

图 1-32　　　　　　　　　　　　　　　　　　　　　　图 1-33

1.2.8　文本

单击菜单栏中的【文本】即可打开图 1-34 所示的菜单。该菜单中的每一个命令都可以完成一项工作任务，右侧有黑色三角形的命令表示该命令下有可以展开的子菜单。CorelDRAW 2021 的【文本】菜单有较大变化，下面介绍该菜单中的常用命令。

1.【编辑文本】：选择 ab 编辑文本(X)... Ctrl+Shift+T 命令，可以打开一个对话框，如图 1-35 所示；通过该对话框，可以对输入的文本或已有文本进行编辑，以达到所需效果。

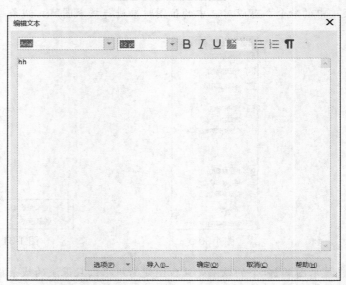

图 1-34　　　　　　　　　　　　　　　　　　　　图 1-35

2. 【使文本适合路径】：选择 使文本适合路径(I) 命令，可以将一组字符按确定的路径排列，如图 1-36 所示。

3. 【文本】：选择 文本 Ctrl+T 命令，可以打开一个面板；该面板中包括文本的字符、段落、图文框等设置功能，分别单击【字符】【段落】【图文框】左侧的下拉按钮，可以展开不同的选项，如图 1-37、图 1-38 所示。

图 1-36

4. 【字形】：选择 字形 Ctrl+F11 命令，可以打开一个面板，如图 1-39 所示；通过该面板，可以将需要的字符、图形等插入当前文件中，从而提高工作效率。

图 1-37

图 1-38

图 1-39

1.2.9 工具

单击菜单栏中的【工具】即可打开图 1-40 所示的菜单。该菜单中的每一个命令都可以完成一项工作任务，右侧有黑色三角形的命令表示该命令下有可以展开的子菜单。下面介绍该菜单中的常用命令。

【选项】：选择 选项(O) 命令，可以打开一个子菜单，如图 1-41 所示；通过该子菜单，可以对所有项目属性重新进行设置，使其更符合自己的使用要求。

图 1-40

图 1-41

【自定义】：选择 自定义(Z)... 命令，可以打开一个对话框，如图 1-42 所示；在该对话框中，可以根据自己的要求对其中的项目设置做出某些修改。

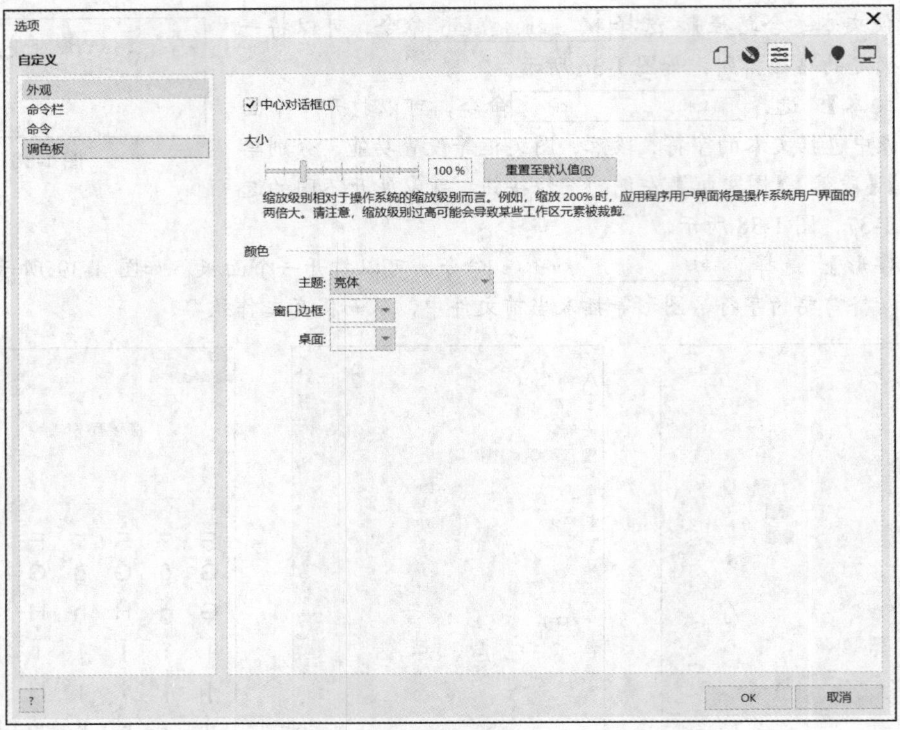

图 1-42

1.2.10 帮助

【帮助】菜单中的命令是 CorelDRAW 2021 的使用说明或教程，它可以帮助我们学习、了解 CorelDRAW 2021 的使用方法，以解决使用过程中遇到的问题。

1.3 CorelDRAW 2021 标准工具栏

CorelDRAW 2021 中的标准工具栏如图 1-43 所示。

图 1-43

标准工具栏中的许多工具在相应的菜单中都可以找到对应的命令。软件设计者为了方便用户使用，将常用工具和选项放在了标准工具栏中。常用工具和选项包括：新建、打开、保存、打印、剪切、复制、粘贴、撤销、重做、导入、导出、缩放级别、应用程序启动器等，具体介绍如下。

一、新建

单击图标 ，可以打开一张空白图纸，并建立一个新文档，在默认状态下图纸大小与 A4 纸大小相同且呈竖向摆放，绘图单位为毫米，文件名称为"未命名-1"。

二、打开

单击图标 📁，将打开【打开绘图】对话框，可在其中选择并打开已经存在的某个文件，以便继续进行绘图工作，或对该文件进行修改等。

三、保存

单击图标 💾，将打开【保存绘图】对话框，可将当前文件保存在指定的目录下。

四、打印

单击图标 🖨，将打开【打印】对话框，可在其中将当前文件打印并输出。

五、剪切

单击图标 ✂，可以将选中的对象从当前文件中剪切下来，并存放在剪贴板中。

六、复制

单击图标 📋，可以将选中的对象从当前文件中复制下来，并存放在剪贴板中。

七、粘贴

单击图标 📋，可以将通过剪切或复制操作存放在剪贴板中的对象贴入当前文件中。

八、撤销

单击图标 ↩，可以将此前执行的一步操作撤销，连续单击可以撤销此前执行的若干步操作，以便对错误的操作进行纠正。

九、重做

单击图标 ↪，可以恢复此前撤销的一步操作，连续单击可以恢复若干步操作。

十、导入

单击图标 ⬇，将打开【导入】对话框，可在其中选择某个已有的 JPEG 格式的位图文件，并将其导入当前文件中。

十一、导出

单击图标 ⬆，将打开【导出】对话框，可在其中将当前文件的全部图形或部分图形导出为 JPEG 格式的文件，并保存在其他目录下。

十二、缩放级别

单击图标 36% ▾ 右侧的下拉按钮，可以打开一个下拉列表，如图 1-44 所示。在该下拉列表中可以选择不同的缩放比例，方便进行绘图操作或查看图形。

十三、应用程序启动器

单击图标 启动 ▾ 右侧的下拉按钮，可以打开一个下拉列表，如图 1-45 所示。该下拉列表中包括一些与 CorelDRAW 2021 相关的应用程序，如条码向导 Corel BARCODE WIZARD、屏幕捕获编辑器 Corel CAPTURE、字体管理 Corel Font Manager、PHOTO-PAINT Corel PHOTO-PAINT 等。由于这些应用程序很少使用，因此这里不做介绍。

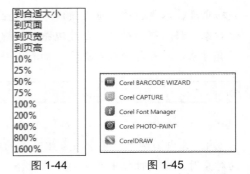

图 1-44　　　　　　图 1-45

1.4 CorelDRAW 2021 属性栏

CorelDRAW 2021 界面上方的第 4 行是属性栏。该属性栏与各种工具的使用和操作相关，选择一个工具或进行一项操作，属性栏中便会显示相应的属性。通过属性栏可以对选中的对象进行属性设置或相关操作。选择不同的对象、进行不同的操作，属性栏中可设置的属性是不同的，因此属性栏的形式多种多样。常用的属性栏包括选择工具属性栏，造型工具属性栏，缩放工具属性栏，手绘工具属性栏，矩形、椭圆形、多边形、基本形状属性栏，文本属性栏，交互式工具属性栏等，具体介绍如下。

1.4.1 选择工具属性栏

1. 图纸的属性与设置：选择选择工具，不选中任何对象时，该属性栏中显示的是当前图纸的属性，可以通过属性栏对页面尺寸、宽度、高度、自动适合页面、方向、所有页面、当前页、绘图单位、微调距离、再制距离、所有对象视为已填充等属性进行设置，如图 1-46 所示。

图 1-46

2. 选中一个对象时的属性与设置：当选择一个图形对象时，该属性栏中显示的是该对象的属性，可以通过属性栏对该对象进行位置、大小、缩放因子、锁定比率、旋转角度、水平镜像、垂直镜像、圆角、扇形角、倒棱角、圆角半径、相对角缩放、轮廓宽度、线条样式、文本换行、到图层前面、到图层后面、转换为曲线等的设置和操作，如图 1-47 所示。

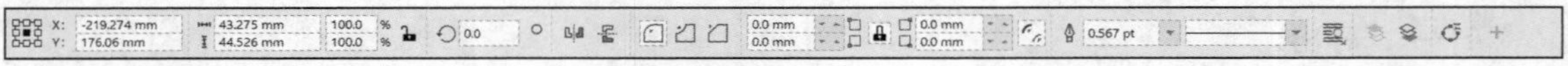

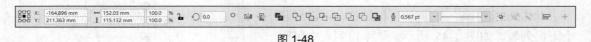

图 1-47

3. 选中两个或多个对象时的属性与设置：当选中两个或多个对象时，该属性栏中显示的是选中的所有对象的共同属性，可以通过属性栏对所有对象进行位置、大小、缩放因子、锁定比率、旋转角度、水平镜像、垂直镜像等的设置，还可以进行合并、焊接、修剪、相交、简化、移除后面对象、移除前面对象、创建边界、轮廓宽度、线条样式、组合对象、取消组合对象、取消组合所有对象、对齐与分布等操作，如图 1-48 所示。

图 1-48

4. 选中由两个或多个对象组合成的对象时的属性与设置：当选中由两个或多个对象组合成的对象时，该属性栏中显示的是该组合对象的属性，可以通过属性栏对对象进行位置、大小、缩放因子、锁定比率、旋转角度、水平镜像、垂直镜像、轮廓宽度、线条样式、取消组合对象、取消组合所有对象、文本换行、到图层前面、到图层后面等的设置和操作，如图 1-49 所示。

图 1-49

5. 选中由两个或多个对象结合成的对象时的属性与设置: 当选中由两个或多个对象结合成的对象时, 该属性栏中显示的是该结合对象的属性, 可以通过属性栏对对象进行位置、大小、缩放因子、锁定比率、旋转角度、水平镜像、垂直镜像、轮廓宽度、线条样式、起始箭头、终止箭头、手绘平滑、闭合曲线、拆分、文本换行、装订框、平行绘图等的设置和操作, 如图 1-50 所示。

图 1-50

1.4.2　造型工具属性栏

1. 形状工具属性栏: 当选择形状工具 时, 显示的是形状工具属性栏, 如图 1-51 所示。

图 1-51

通过该属性栏, 可以对一个图形对象进行添加节点、删除节点、连接两个节点、断开曲线、转换为线条、转换为曲线、尖突节点、平滑节点、对称节点、反转方向、提取子路径、延长曲线使之闭合、闭合曲线、延展与缩放节点、旋转与倾斜节点、对齐节点、水平反射节点、垂直反射节点、弹性模式、选择所有节点、减少节点、曲线平滑度、装订框、平行绘图等的设置和操作。

2. 涂抹工具属性栏 (此工具在形状工具的下拉菜单中): 当选择涂抹工具 时, 显示的是涂抹工具属性栏, 如图 1-52 所示。

图 1-52

通过该属性栏, 可以设置涂抹工具的笔尖半径、压力等属性。

3. 粗糙工具属性栏 (此工具在形状工具的下拉菜单中): 当选择粗糙工具 时, 显示的是粗糙工具属性栏, 如图 1-53 所示。

图 1-53

通过该属性栏, 可以设置粗糙工具的笔尖半径、笔压、尖突频率、干燥、使用笔倾斜、笔倾斜度、尖突方向、笔方位等属性。

4. 刻刀工具属性栏 (此工具在裁剪工具的下拉菜单中): 当选择刻刀工具 时, 显示的是刻刀工具属性栏, 如图 1-54 所示。

通过该属性栏, 可以对一个曲线图形对象进行任意形式的切割, 并且可以设置切割形式。

5. 橡皮擦工具属性栏（此工具在裁剪工具的下拉菜单中）：当选择橡皮擦工具■时，显示的是橡皮擦工具属性栏，如图 1-55 所示。

图 1-54   图 1-55

通过该属性栏，可以设置橡皮擦的形状、橡皮擦工具的厚度等。

1.4.3 缩放工具属性栏

缩放工具属性栏：当选择缩放工具🔍时，显示的是缩放工具属性栏，如图 1-56 所示。

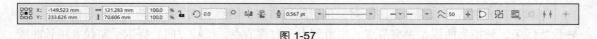

图 1-56

通过该属性栏，可以进行现有比例的设置，也可以选择放大、缩小选项来进行自由缩放；还可以进行其他一些相关的操作。

1.4.4 手绘工具属性栏

1. 手绘工具属性栏：当选择手绘工具🖊️时，显示的是手绘工具属性栏，如图 1-57 所示。

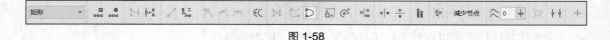

图 1-57

通过该属性栏，可以对一个手绘图形对象进行位置、大小、缩放因子、锁定比率、旋转角度、水平镜像、垂直镜像、轮廓宽度、线条样式、起始箭头、终止箭头、手绘平滑、闭合曲线、拆分、文本换行、装订框、平行绘图等的设置和操作。

2. 贝塞尔工具属性栏（此工具在手绘工具的下拉菜单中）：当选择贝塞尔工具时，显示的是贝塞尔工具属性栏，如图 1-58 所示。

图 1-58

通过该属性栏，可以对一个曲线图形对象进行添加节点、删除节点、连接两个节点、断开曲线、转换为线条、转换为曲线、尖突节点、平滑节点、对称节点、反转方向、提取子路径、延长曲线使之闭合、闭合曲线、延展与缩放节点、旋转与倾斜节点、对齐节点、水平反射节点、垂直反射节点、弹性模式、选择所有节点、减少节点、曲线平滑度、装订框、平行绘图等的设置和操作。

3. 艺术笔工具属性栏：当选择艺术笔工具🖌️时，显示的是艺术笔工具属性栏，如图 1-59 所示。

图 1-59

通过该属性栏，可以进行预设笔触、笔刷笔触、喷涂笔触、书法笔触、表达式等的设置，也可以进行手绘平滑、笔触宽度等的设置。

4. 钢笔工具属性栏（此工具在手绘工具的下拉菜单中）：当选择钢笔工具时，显示的是钢笔工具属性栏，如图 1-60 所示。

图 1-60

通过该属性栏，可以进行位置、大小、缩放因子、锁定比率、旋转角度、水平镜像、垂直镜像、预览模式、自动添加或删除节点、轮廓宽度、线条样式、起始箭头、终止箭头、闭合曲线、文本换行、装订框、平行绘图等的设置和操作。

5. 平行度量工具属性栏（此工具在工具箱下）：当选择平行度量工具时，显示的是平行度量工具属性栏，如图 1-61 所示。

图 1-61

通过该属性栏，可以对图形的数据标注，如动态度量、度量样式、度量精度、度量单位、显示单位、显示前导零、度量前缀、度量后缀、轮廓宽度、线条样式、双箭头、文本位置、延伸线选项等进行设置。

1.4.5 矩形、椭圆形、多边形属性栏

当选择矩形工具、椭圆形工具、多边形（包括基本形状）工具时，会分别显示对应的属性栏，它们的形式基本相同，如图 1-62 所示。

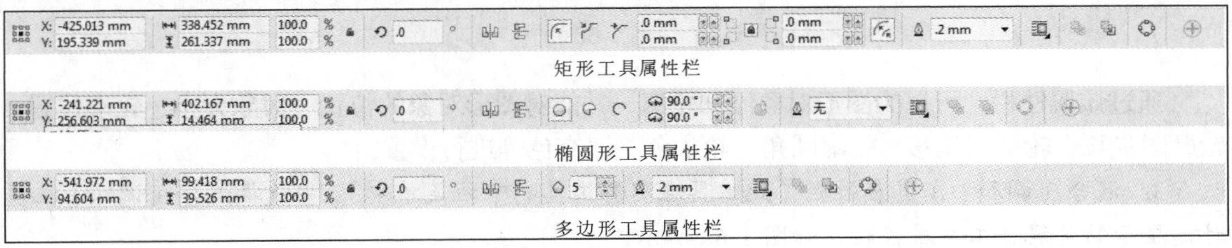

X: -425.013 mm	338.452 mm	100.0 %				.0 mm		.0 mm			.2 mm					
Y: 195.339 mm	261.337 mm	100.0 %				.0 mm		.0 mm								

矩形工具属性栏

X: -241.221 mm	402.167 mm	100.0 %				90.0°		无					
Y: 256.603 mm	14.464 mm	100.0 %				90.0°							

椭圆形工具属性栏

X: -541.972 mm	99.418 mm	100.0 %			5	.2 mm					
Y: 94.604 mm	39.526 mm	100.0 %									

多边形工具属性栏

图 1-62

通过该属性栏，可以进行位置、大小、缩放因子、锁定比率、旋转角度、水平镜像、垂直镜像、线条样式、文本换行、到图层前面、到图层后面、转换为曲线等的设置和操作。此外，矩形工具属性栏中还具有圆角、扇形角、倒棱角、圆角半径、相对角缩放、轮廓宽度选项；椭圆形工具属性栏中还具有椭圆形、饼形、弧形选项；多边形工具属性栏中还具有形状类型下拉菜单，通过该下拉菜单可以选择不同的形状。

1.4.6 文本属性栏

文本属性栏：当选择文本工具时，显示的是文本属性栏，如图 1-63 所示。

图 1-63

通过该属性栏，可以对文本进行位置、大小、缩放因子、锁定比率、旋转角度、水平镜像、垂直镜像、字体、字号、可变字体、粗体、斜体、下划线、文本对齐、项目符号列表、编号列表、首字下沉、增加缩进量、减少缩进量、交互式 Open Type、编辑文本、文本、排列方向等的设置，还可以对文字进行编辑。

1.4.7 交互式工具属性栏

交互式工具包括阴影工具、轮廓图工具、混合（调和）工具、变形工具、封套工具、立体化工具、块阴影工具、透明度工具等，其中使用较多的工具是阴影工具、轮廓图工具、混合（调和）工具和透明度工具。下面对这些主要的工具进行介绍。

1. 阴影工具属性栏：当选择阴影工具口时，显示的是阴影工具属性栏，如图 1-64 所示。

图 1-64

通过该属性栏，可以对图形的预设、阴影工具、内阴影工具、阴影颜色、合并模式、阴影的不透明度、阴影羽化、羽化方向、羽化边缘、阴影偏移、阴影角度、阴影延展、阴影淡出、复制阴影效果、清除阴影等进行设置。

2. 轮廓图工具属性栏（此工具在阴影工具的下拉菜单中）：当选择轮廓图工具回时，显示的是轮廓图工具属性栏，如图 1-65 所示。

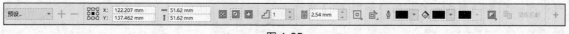

图 1-65

通过该属性栏，可以为图形对象添加轮廓，并能对图形对象的位置、对象大小、轮廓位置、轮廓图步长、轮廓图偏移、轮廓圆角、轮廓色、填充色等进行设置。

3. 混合（调和）工具属性栏（此工具在阴影工具的下拉菜单中）：当选择混合（调和）工具时，显示的是混合工具属性栏，如图 1-66 所示。

图 1-66

通过该属性栏，可以对两个图形对象之间的形状渐变调和、色彩渐变调和进行设置，包括对象位置、对象大小、调和步长、调和间距、调和对象、调和方向、环绕调和、路径属性、色彩渐变调和方向、对象和颜色加速、调和加速大小、更多调和选项、起始和结束属性、复制调和属性、清除调和等。

4. 透明度工具属性栏：当选择透明度工具▒时，显示的是透明度工具属性栏，如图 1-67 所示。

图 1-67

通过该属性栏，可以对图形的透明属性，如合并模式、透明度、透明度挑选器、透明度应用选择、冻结透明度、复制透明度、编辑透明度等进行设置。

 ## 1.5　CorelDRAW 2021 工具箱

本节主要介绍 CorelDRAW 2021 工具箱中涉及服装设计方面的各种工具，要求读者能够在界面中熟练地找到这些工具，并且了解这些工具的基本功能，为以后的学习奠定基础。

工具箱在默认状态下位于 CorelDRAW 2021 界面的左侧，并呈竖向摆放。它是以活动窗口的形式显示的，因此其位置、方向可以通过拖曳改变。CorelDRAW 2021 的工具箱涵盖了绘图、造型的大部分工具，如图 1-68 所示。

若工具右下方有黑色三角形，表示该工具下还包含其他工具。在工具图标上按住鼠标左键不放，会打开一个下拉菜单，其中有更多的工具，图 1-69 所示为手绘工具下拉菜单中的工具。

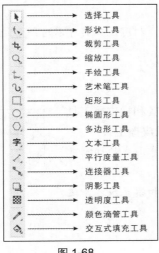

图 1-68

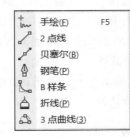

图 1-69

在这些工具中，有些是很少使用或完全使用不到的，因此这里着重介绍服装设计中经常使用的工具。下面按照它们在工具箱中的前后顺序进行介绍。

1.5.1　选择工具

选择工具 是一个基本工具，它具有多种功能，具体如下。

1. 利用选择工具，可以选择不同的功能按钮和菜单命令。

2. 单击一个对象将其选中，被选中的对象四周会出现 8 个黑色小方块。

3. 按住鼠标左键并拖曳鼠标会显示一个蓝色虚线方框，蓝色虚线方框内的所有对象都会同时被选中。

4. 在选中对象的状态下，按住鼠标左键并拖曳对象，可以移动该对象。

5. 在选中对象的状态下，再次单击对象，对象四周会出现 8 个双箭头，中心会出现一个空心圆，表示该对象处于可旋转状态；单击对象 4 个角的某个双箭头，按住鼠标左键并拖曳，即可转动该对象。

6. 在选中对象的状态下，单击某种颜色，可以为对象填充该颜色。

7. 在选中对象的状态下，在某种颜色上单击鼠标右键，可以将对象的轮廓颜色修改为该颜色。

1.5.2 形状工具

形状工具组包括形状工具、平滑工具、涂抹工具、转动工具、吸引和排斥工具、弄脏工具、粗糙工具等，如图 1-70 所示。其中使用较多的工具是形状工具、涂抹工具和粗糙工具。

图 1-70

1. 形状工具。形状工具是绘图与造型的主要工具之一。利用该工具可以增加、减少或移动节点，可以将直线变为曲线、曲线变为直线，还可以对曲线形状进行修改等。

2. 涂抹工具。利用该工具可以对曲线或图形进行不同色彩的穿插涂抹，实现特殊的造型效果。

3. 粗糙工具。粗糙工具对于服装设计的作用较大，利用该工具可以对图形边缘进行毛边处理，实现特定服装材料的质感效果。

1.5.3 裁剪工具

裁剪工具组包括裁剪工具、刻刀工具、虚拟段删除工具和橡皮擦工具等，如图 1-71 所示。其中使用较多的工具是刻刀工具和橡皮擦工具。

图 1-71

1. 刻刀工具。利用该工具可以对现有图形进行任意形式的切割，实现对图形的改造。

2. 橡皮擦工具。利用该工具可以擦除图形的轮廓和填充内容，达到快速造型的目的。

1.5.4 缩放工具

缩放工具组包括缩放工具和平移工具，如图 1-72 所示。

图 1-72

1. 缩放工具。缩放工具是绘图过程中经常使用的工具之一。利用该工具可以对图纸（包括图形）进行多种形式的缩放与变换操作，便于用户在绘图过程中随时观看全图、部分图形和局部放大图形，从而实现图形的精确绘制和对全图的把握。

2. 平移工具。利用该工具可以自由移动图纸，便于用户观看图纸中的任意内容。

1.5.5 手绘工具

手绘工具组包括手绘工具、2 点线工具、贝塞尔工具、钢笔工具、B 样条工具、折线工具、3

点曲线工具等,如图 1-73 所示。其中手绘工具、贝塞尔工具、钢笔工具、B 样条工具、折线工具、3 点曲线工具是服装设计中使用较多的工具。

图 1-73

1. 手绘工具 。手绘工具是绘图过程中最基本的画线工具,是使用频率较高的工具之一。利用该工具可以绘制单段直线、连续曲线、连续直线、封闭图形等。

2. 贝塞尔工具 。利用该工具可以绘制连续的自由曲线,并且在绘制曲线的过程中,可以随时控制曲率的变化。

3. 钢笔工具 。利用该工具可以进行连续直线、曲线和图形的绘制。

4. B 样条工具 。利用该工具可以绘制连续的自由曲线,直接通过设置曲线上的控制点来绘制曲线,而无须将其分割成多条线段。

5. 折线工具 。利用该工具可以快速绘制连续的直线和图形。

6. 3 点曲线工具 。利用该工具可以绘制已知 3 点的曲线,如领口曲线、裆部曲线等。

1.5.6 矩形工具

矩形工具组包括矩形工具和 3 点矩形工具,如图 1-74 所示。

图 1-74

1. 矩形工具 。矩形工具是服装制图中的常用工具。利用该工具可以绘制垂直放置的长方形,按住 Ctrl 键可以绘制正方形。

2. 3 点矩形工具 。利用该工具可以绘制任意方向的长方形,按住 Ctrl 键可以绘制正方形。

1.5.7 椭圆形工具

椭圆形工具组包括椭圆形工具和 3 点椭圆形工具,如图 1-75 所示。

图 1-75

1. 椭圆形工具 。椭圆形工具是服装制图中的常用工具。利用该工具可以绘制垂直放置的椭圆形,按住 Ctrl 键可以绘制圆形。

2. 3 点椭圆形工具 。利用该工具可以绘制任意方向的椭圆形,按住 Ctrl 键可以绘制圆形。

1.5.8 多边形工具

多边形工具组包括多边形工具、星形工具、螺纹工具等,如图 1-76 所示。

1. 多边形工具 。利用该工具可以绘制多边形,其边的数量可以通过属性栏进行设置。

2. 星形工具 。利用该工具可以绘制星形,其边的数量可以通过属性栏进行设置。

3. 螺纹工具 。利用该工具可以绘制螺旋形状,螺旋的密度、展开方式等可以通过属性栏进行设置,如图 1-77 所示。

图 1-76

图 1-77

4. 常见的形状工具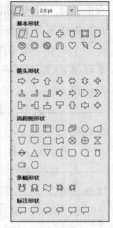。利用该工具属性栏中的【常用形状】下拉菜单，可以选择并绘制不同的形状，包括基本形状、箭头形状、流程图形状、条幅形状、标注形状等，如图 1-78 所示。

5. 冲击效果工具。利用该工具可以绘制冲击效果图形，其线宽、行间距、线条样式等可以通过属性栏进行设置。

6. 图纸工具。利用该工具可以绘制表格，其行数和列数等可以通过属性栏进行设置。

图 1-78

1.5.9　文本工具

文本工具。文本工具是服装设计中常用的工具之一，利用该工具可以进行中文、英文和数字等的输入。

1.5.10　阴影工具

阴影工具组包括阴影工具、轮廓图工具、混合工具、变形工具、封套工具、立体化工具等，如图 1-79 所示。这里着重介绍阴影工具、轮廓图工具、混合工具。

图 1-79

1. 阴影工具。利用该工具可以为任何图形添加阴影，加强图形的立体感，使其效果更逼真。

2. 轮廓图工具。利用该工具可以方便地为服装衣片添加缝份。

3. 混合工具。利用该工具可以在任意两种颜色之间进行任意层次的渐变调和，以获得需要的颜色，还可以在任意两个形状之间进行任意层次的渐变处理。该工具在进行服装推板操作时非常有用。

1.5.11　透明度工具

透明度工具。利用该工具可以对已被填充的图形进行透明渐变处理，以获得更好的效果。

1.5.12　颜色滴管工具

颜色滴管工具组包括颜色滴管工具和属性滴管工具，如图 1-80 所示。

1. 颜色滴管工具。利用该工具可以获取图形中现有的任意一种颜色，以便对其他图形进行同色填充。

图 1-80

2. 属性滴管工具。属性滴管工具与颜色滴管工具的使用方法基本一致，这里不再叙述。

1.5.13　交互式填充工具

交互式填充工具组包括交互式填充工具、智能填充工具和网状填充工具等，如图 1-81 所示。

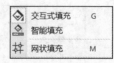

1. 交互式填充工具。选择该工具，再配合属性栏，可以对图形进行多种形式的填充，以获得不同的填充效果。交互式填充工具包括无填充、均匀填充、

图 1-81

渐变填充、向量图样填充、位图图样填充、双色图样填充、底纹填充、PostScript 填充等 8 种填充，

如图 1-82 所示。这里重点介绍均匀填充、渐变填充、向量图样填充、位图图样填充、双色图样填充、底纹填充。

（1）均匀填充▨。单击该图标可以打开【均匀填充】界面，如图 1-83 所示；通过该界面，可以调整颜色并对图形进行填充。

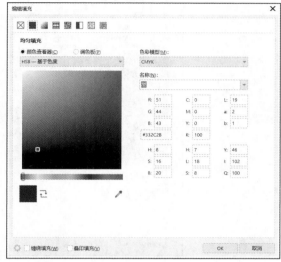

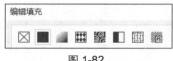

图 1-82　　　　　　　　　　　　　　　　　　　　图 1-83

（2）渐变填充▨。单击该图标可以打开【渐变填充】界面，如图 1-84 所示；通过该界面，可以进行不同类型的渐变填充，包括线性渐变填充、椭圆形渐变填充、圆锥形渐变填充、矩形渐变填充等。

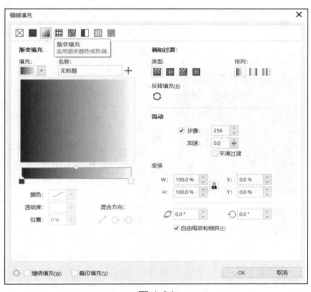

图 1-84

（3）向量图样填充▦。单击该图标可以打开【向量图样填充】界面，如图 1-85 所示；通过该界面不仅可以进行向量图样填充，还可以载入已有的服装材料图样，以及对图样进行位置、角度、大小等的设置。

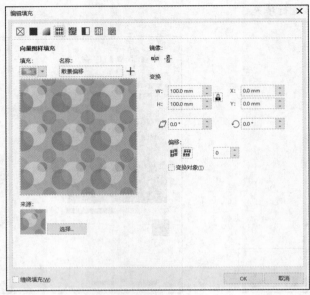

图 1-85

（4）位图图样填充▨。单击该图标可以打开【位图图样填充】界面，如图 1-86 所示；通过该界面不仅可以进行位图图样填充，还可以载入已有的服装材料图样，以及对图样进行调和过渡、位置、角度、大小等的设置。

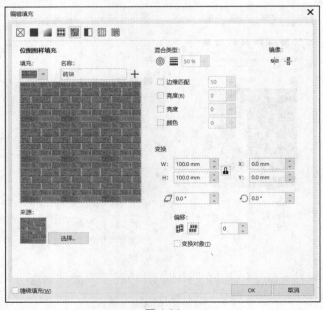

图 1-86

（5）双色图样填充▊。单击该图标可以打开【双色图样填充】界面，如图 1-87 所示；通过该界面可以进行双色图样填充，并可以对图样进行位置、角度、大小等的设置。

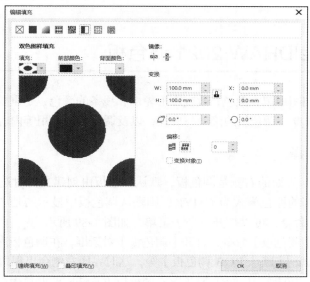

图 1-87

（6）底纹填充▦。单击该图标可以打开【底纹填充】界面，如图 1-88 所示；通过该界面可以选择多种不同样式的底纹，并可以对底纹进行多种设置，以实现特殊的设计效果。

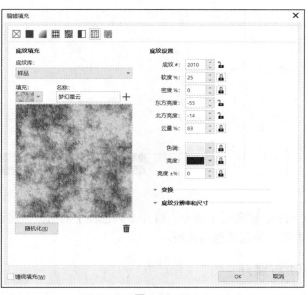

图 1-88

2. 智能填充工具▨。利用该工具可以为任意的闭合区域填充颜色并设置轮廓。智能填充工具可以检测到多个对象相交产生的闭合区域，还可以检测到区域的边缘并创建一个闭合路径，并可以填充该区域。

3. 网状填充工具 。利用该工具可以对已被填充的图形进行局部填充、局部突出处理，实现立体化的效果。

1.6　CorelDRAW 2021 调色板

调色板可以为封闭图形填充颜色，改变图形轮廓和线条的颜色，是重要的设计工具之一。本节主要介绍调色板的选择、调色板的滚动与展开，以及调色板的使用等内容。

1.6.1　调色板的选择

CorelDRAW 2021 界面的右侧是调色板，默认调色板由创建文件时选择的原色模式决定，如果在创建文件时选择的原色模式为 CMYK，则默认调色板中显示的是"CMYK 模式"。选择【窗口】→【调色板】命令，可以打开一个子菜单，如图 1-89 所示。

选择子菜单中的【调色板】命令，打开【调色板】对话框，在调色板库下拉列表中，可以选择【默认 CMYK 调色板】【默认 RGB 调色板】等，这时界面右侧会出现两个调色板，如图 1-90 所示，上面的是 RGB 调色板，下面的是 CMYK 调色板（软件中的调色板是竖向放置的，为了排版方便，这里将调色板横向放置）。

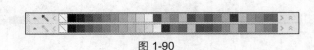

图 1-89　　　　　　　　　　　　　　　　　　图 1-90

一般选择【默认 CMYK 调色板】命令。打开【调色板】对话框，将调色板库下拉列表中其他调色板左侧的"√"取消，关闭其他调色板。

1.6.2　调色板的滚动与展开

调色板下方有两个图标，一个是滚动图标 ，单击该图标，调色板会向上滚动一个颜色，将鼠标指针放在该图标上并按住鼠标左键，调色板会连续向上滚动；另一个是展开调色板图标 ，单击该图标可以展开调色板，如图 1-91 所示（为了排版方便，这里将调色板横向放置）。

图 1-91

1.6.3 调色板的使用

1. 填充颜色。利用工具箱中的任何一种绘图工具（手绘工具、矩形工具、椭圆形工具、多边形工具）绘制一个封闭图形并将其选中，再单击调色板中的某种颜色，即可用该颜色填充图形。

2. 改变填充颜色。如果对已经填充的颜色不满意，在选中图形的状态下，单击调色板中的另一种颜色，即可将该颜色填充到图形中。

3. 取消填充。如果想取消一个图形的填充，单击调色板上方的取消填充图标，即可取消该图形的填充。

1.7 CorelDRAW 2021 常用选项及面板

CorelDRAW 2021 提供了许多有用的选项及面板，以帮助用户进行绘图操作。本节将对与数字化服装设计关系密切的部分选项及面板，如辅助线设置选项、【属性】面板、【变换】面板和【形状】面板等进行逐一介绍。

1.7.1 辅助线设置选项

设置辅助线是数字化服装设计中的常用操作。双击 CorelDRAW 2021 界面中的标尺区域，并选择【辅助线】选项，可以打开【选项】对话框，如图 1-92 所示。

图 1-92

在【选项】对话框左侧选择【辅助】选项，在右侧单击"水平""垂直""辅助线"等选项卡，再在下方的数值框中输入需要的数值，单击【添加】按钮，即可添加一条辅助线。按要求反复操作，即可设置所有辅助线。

1.7.2 【属性】面板

选择【对象】→【属性】命令，可以打开【属性】面板。【属性】面板中包括填充、轮廓等选项。单击面板中的填充图标，可以展开填充选项，其中包括无填充、均匀填充、渐变填充、向量图样填充、位图图样填充，以及下拉列表中的双色图样填充、底纹填充、PostScript 填充等，下面介绍该面板中的常用选项。

1. 均匀填充。单击该图标，可以展开均匀填充的选项，如图 1-93 所示。单击颜色查看器，然后选择合适的颜色，可以将该颜色填充到选中的图形中。

通过均匀填充的选项，不仅可以选择色彩模式和设置任意颜色，还可以准确给出选定颜色的基本色调和具体色值，如图 1-94 所示。

图 1-93

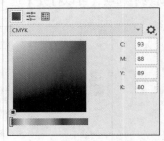

图 1-94

2. 渐变填充。单击该图标，可以展开渐变填充的选项，如图 1-95 所示。

渐变填充的选项包括线性渐变填充、椭圆形渐变填充、圆锥形渐变填充、矩形渐变填充等。通过面板可以选择不同的渐变形式和渐变颜色，从而对选中的封闭图形进行渐变填充。

渐变填充选项的底部与 CorelDRAW 2019 中的基本相同，如图 1-96 所示。

通过渐变填充的选项，不仅可以进行上述操作，还可以设置渐变的角度、边界、中心位置，以及自定义中点，或进行预设样式的渐变填充等。

3. 向量图样填充。单击该图标，可以展开向量图样填充的选项，如图 1-97 所示。

图 1-95

图 1-96

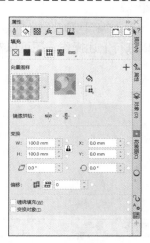

图 1-97

　　通过向量图样填充的选项，不仅可以选择不同的填充形式，还可以选择现有几何、抽象、金属等类别中的填充图案。设置完成后，即可对选中的封闭图形进行填充。

　　向量图样填充选项的底部与 CorelDRAW 2019 中的基本相同，如图 1-98 所示。

　　通过向量图样填充的选项，不仅可以进行上述操作，还可以载入其他样式文件、改变图样的大小，以及进行倾斜、旋转、位移、平铺尺寸、是否与对象一起变换等的设置。

　　4. 位图图样填充。单击该图标，可以展开位图图样填充的选项，如图 1-99 所示。

　　通过位图图样填充的选项，不仅可以选择不同的填充形式，还可以选择现有自然、金属等类别中的填充图案。设置完成后，即可对选中的封闭图形进行填充。

　　位图图样填充的底部与 CorelDRAW 2019 中的基本相同，如图 1-100 所示。

　　通过位图图样填充的选项，不仅可以进行上述操作，还可以载入其他样式文件、设置位图图样的属性，以及进行倾斜、旋转、位移、平铺尺寸、是否与对象一起变换等的设置。

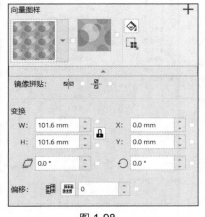

图 1-98

图 1-99

图 1-100

　　5. 底纹填充。单击该图标，可以展开底纹填充的选项，如图 1-101 所示。

　　通过底纹填充的选项，可以选择底纹样式。选择完成后，即可对选中的封闭图形进行底纹填充。

单击编辑填充图标，可打开【编辑填充】对话框，如图 1-102 所示。通过该对话框，不仅可以进行上述操作，还可以对底纹的众多属性进行设置。

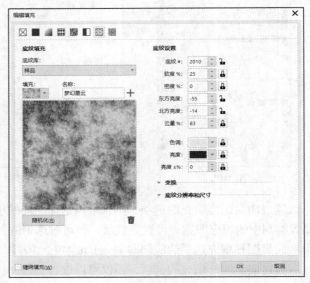

图 1-101

图 1-102

1.7.3 【变换】面板

选择【窗口】→【泊坞窗】→【变换】命令，可以打开【变换】面板，如图 1-103 所示。【变换】面板中包括位置、旋转、缩放和镜像、大小、倾斜，下面分别对它们进行介绍。

1. 位置：单击位置图标，显示的是位置选项，如图 1-104 所示。

通过位置选项，可以对选中的图形对象进行精确的位置设置。例如，在相对位置模式下，在水平位置【X】数值框中输入一个数值，单击【应用】按钮，图形对象会自原位水平向右移动输入的距离；在垂直位置【Y】数值框中输入一个数值，单击【应用】按钮，图形对象会自原位垂直向上移动输入的距离。如果在【副本】数值框中输入一个数值，原对象会保持在原位，并在指定位置上再制副本数的图形对象。

2. 旋转：单击旋转图标，显示的是旋转选项，如图 1-105 所示。

通过旋转选项，可以对选中的图形对象进行旋转设置。例如，在相对中心模式下，在【角度】数值框中输入一个数值，单击【应用】按钮，图形对象会旋转输入的角度。如果在【副本】数值框中输入一个数值，原对象会保持在原位，并在指定位置上旋转再制副本数的图形对象。

图 1-103

3. 缩放和镜像：单击缩放和镜像图标 ，显示的是缩放和镜像选项，如图 1-106 所示。

通过缩放和镜像选项，可以对选中的图形对象进行镜像变换和缩放比例的设置。一般情况下，不会去改变图形对象的比例。单击水平镜像图标 ，再单击【应用】按钮，图形对象会水平镜像翻转一次。如果在【副本】数值框中输入一个数值，原对象会保持在原位，并在指定位置上移动再制副本数的水平镜像翻转的图形对象。

| 图 1-104 | 图 1-105 | 图 1-106 |

4. 大小：单击大小图标 ，显示的是大小变换选项，如图 1-107 所示。

通过大小变换选项，可以对选中的图形对象进行大小设置。例如，在不按比例模式下，在水平大小【W】中输入一个数值，再单击【应用】按钮，图形对象会按输入的数值，在水平方向上出现大小变化；垂直大小【H】数值框的变换原理同上。如果在【副本】数值框中输入一个数值，原对象会保持在原位，并在指定位置上再制副本数的大小变化后的图形对象。

5. 倾斜：单击倾斜图标 ，显示的是倾斜变换选项，如图 1-108 所示。

| 图 1-107 | 图 1-108 |

通过倾斜变换选项，可以对选中的图形对象进行斜切设置。例如，在水平斜切【X】数值框中输入一个数值，再单击【应用】按钮，图形对象会按输入的数值，在水平方向上出现斜切变化。垂直斜切【Y】数值框的变换原理同上。如果在【副本】数值框中输入一个数值，原对象会保持在原位，并在指定位置上再制副本数的斜切变换后的图形对象。

1.7.4 【形状】面板

选择【对象】→【造型】→【形状】命令，可以打开【形状】面板。【形状】面板中包括焊接、修剪、相交、简化等选项，下面分别对它们进行介绍。

1. 焊接：单击面板中的下拉按钮，选择【焊接】选项，显示的是焊接，如图1-109所示。

通过焊接选项，可以将两个或多个选中的图形对象焊接为一个图形对象，并且去除它们的相交部分，保留焊接到的某个图形对象的颜色，还可以选择保留原始源对象或保留原目标对象等。

2. 修剪：单击面板中的下拉按钮，选择【修剪】选项，显示的是修剪，如图1-110所示。

通过修剪选项，可以用一个或多个图形对象对另一个图形对象进行修剪，进而得到需要的图形，还可以选择保留原始源对象或保留原目标对象等。

图 1-109

图 1-110

3. 相交：单击面板中的下拉按钮，选择【相交】选项，显示的是相交，如图1-111所示。

通过相交选项，可以对两个图形对象进行相交操作，保留两个图形相交的部分，还可以选择保留原始源对象或保留原目标对象等。

4. 简化：单击面板中的下拉按钮，选择【简化】选项，显示的是简化，如图1-112所示。

通过简化选项，可以减去后面图形对象中与前面图形对象重叠的部分，并保留前面和后面的图形对象。

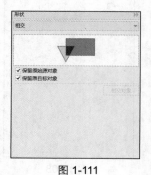

图 1-111

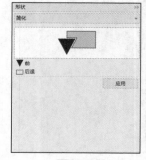

图 1-112

1.8　CoreIDRAW 2021 文件的格式及打印与输出

一、文件格式

CoreIDRAW 2021 的默认文件格式是 ".cdr"。用户在 CoreIDRAW 2021 中可以导出多种格式的图形文件，也可以保存多种格式的图形文件；可以打开 ".cdr" 文件，也可以打开其他格式的文件。

1. 导出：利用选择工具 选中图形，单击导出图标 ，打开【导出】对话框，如图 1-113 所示。

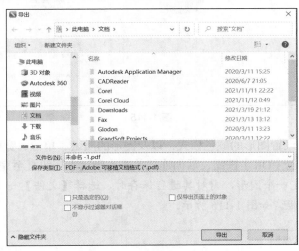

图 1-113

选择保存地址，在【文件名】文本框中输入文件名，展开【保存类型】下拉列表框，其中的文件格式选项如图 1-114 所示。常用的文件格式有 JPG、AI、GIF、PSD、TIF 等。根据下一步工作的需要选择文件格式，勾选【只是选定的】复选框，其他设置保持默认即可。单击【导出】按钮，若设置导出文件的格式为 JPEG，会打开一个对话框，如图 1-115 所示。

图 1-114

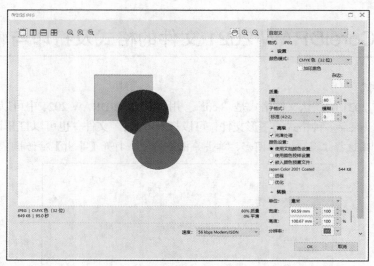

图 1-115

通过该对话框可以设置图形的颜色模式，以及图形的质量、单位、宽度、高度、分辨率等，一般保持默认即可。单击【OK】按钮，后面连续单击【确定】按钮直至完成保存工作。

2. 保存：当绘制完一个图形，需对其进行保存时，选择【文件】→【保存】或【另存为】命令，会打开一个对话框，如图 1-116 所示。

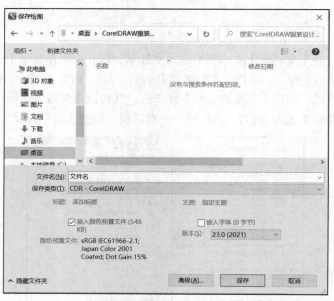

图 1-116

选择保存地址，在【文件名】文本框中输入文件名，展开【保存类型】下拉列表框，其中的文件格式选项如图 1-117 所示。常用的文件格式有 CDR、CMX、AI 等。根据下一步工作的需要选择文件格式，其他设置保持默认，单击【保存】按钮即可完成保存工作。

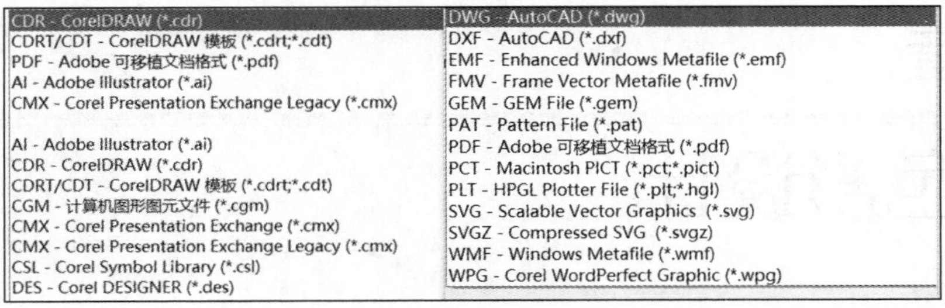

```
CDR - CorelDRAW (*.cdr)                                  DWG - AutoCAD (*.dwg)
CDRT/CDT - CorelDRAW 模板 (*.cdrt;*.cdt)                  DXF - AutoCAD (*.dxf)
PDF - Adobe 可移植文档格式 (*.pdf)                          EMF - Enhanced Windows Metafile (*.emf)
AI - Adobe Illustrator (*.ai)                            FMV - Frame Vector Metafile (*.fmv)
CMX - Corel Presentation Exchange Legacy (*.cmx)         GEM - GEM File (*.gem)
                                                         PAT - Pattern File (*.pat)
AI - Adobe Illustrator (*.ai)                            PDF - Adobe 可移植文档格式 (*.pdf)
CDR - CorelDRAW (*.cdr)                                  PCT - Macintosh PICT (*.pct;*.pict)
CDRT/CDT - CorelDRAW 模板 (*.cdrt;*.cdt)                  PLT - HPGL Plotter File (*.plt;*.hgl)
CGM - 计算机图形图元文件 (*.cgm)                            SVG - Scalable Vector Graphics (*.svg)
CMX - Corel Presentation Exchange (*.cmx)                SVGZ - Compressed SVG (*.svgz)
CMX - Corel Presentation Exchange Legacy (*.cmx)         WMF - Windows Metafile (*.wmf)
CSL - Corel Symbol Library (*.csl)                       WPG - Corel WordPerfect Graphic (*.wpg)
DES - Corel DESIGNER (*.des)
```

图 1-117

二、文件的打印与输出

1. 当文件要作为一般作业或文档输出时，可以直接在 CorelDRAW 2021 中打印文件。具体操作方法与其他大部分软件的相同。

2. 当文件要输出为服装 CAD 样板图或排料图时，应先将文件另存为与输出仪的文件格式相同的格式，将计算机与输出仪连接，然后输出并打印文件。CorelDRAW 2021 的兼容性很强，几乎在所有计算机上都可以使用。

3. 当要使用自动裁剪设备时，同样要先将文件另存为与自动裁剪设备的文件格式相同的格式，再将计算机与自动裁剪设备连接，即可自动裁剪文件。

第 2 章

服装色彩设计

色彩是服装美术基础课程中重要的内容之一,是服装外观最引人注意的因素,所以色彩基础的好坏直接关系到设计师设计服装的成败。

 ## 2.1　色光原理

光的物理性质由光波的振幅和波长两个因素决定,如图 2-1 所示。波长的差别决定色相的差别,当波长相同时,振幅的差别则决定色相明暗的差别。

从物理学的角度解析,物体本身并没有色彩,但它能够对不同波长的可见光进行选择性吸收,从而显示出某一色彩。在可见光谱中,红色光的波长

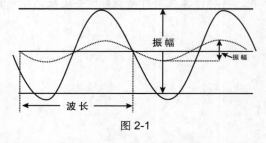

图 2-1

最长,它的穿透性也最强。例如,清晨的太阳之所以是红色的,是因为清晨的太阳光需穿过比中午的大气层几乎厚 3 倍的大气层,而且清晨的空气中含有大量水分子,太阳光穿过它时,其他色光大多被吸收、折射或反射了,只有红色光以巨大的穿透力,顽强地穿过大气层来到地面,所以太阳看上去是红色的。

如果光波全部被反射,则物体呈白色;如果光波全部被吸收,则物体呈黑色。在没有光照的情况下,人们看不到任何色彩。光线越弱,人们看到的物体的色彩越模糊,因此可以说,没有光就没有色彩。

 ## 2.2　色彩的三要素

色彩的要素就是色彩的基本属性,反映色彩的相貌、明暗程度和艳丽程度,是区别色彩的重要依据。因此,把色彩的色相、明度、纯度称为色彩的三要素。正确掌握色彩三要素的特征,是研究服装配色的必要条件。

2.2.1 色相

一、色相概述

色相就是指各种色彩在视觉上具有的不同感觉，通俗地讲就是色彩的相貌。色相用名称来表示，如红、黄、蓝等。

最初的基本色相为红、橙、黄、绿、蓝、紫。在各色之间插入中间色，按照光谱的顺序排列为红、红橙、橙、黄橙、黄、黄绿、绿、蓝绿、蓝、蓝紫、紫、红紫，将这些色彩有规律地组成环形，可得到 12 色相环，如图 2-2 所示。如果再进一步插入中间色，便可得到 24 色相环。色相环是人们研究色彩相貌的重要工具之一。

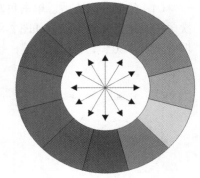

图 2-2

在色相环中，距离越近的颜色所含的成分越接近，色相也越相似，如黄色与黄橙色；距离越远的颜色所含的同类成分越少，如红色与蓝紫色。在色相环中，相距 15° 左右的颜色称为同类色，相距 60° 左右的颜色称为邻近色，相距 120° 左右的颜色称为对比色，相距 180° 左右的颜色称为互补色。

二、绘制色相环

接下来利用 CorelDRAW 2021 绘制色相环，共分为 3 个步骤，分别是绘制同心圆、切割同心圆和为色相环填色。

1. 绘制同心圆。

（1）单击工具箱中的椭圆形工具◯，按住 Ctrl 键绘制一个圆形。

（2）单击选择工具▶，选中刚才绘制好的圆形，切换到属性栏，如图 2-3 所示，对图形对象的大小进行设置，如图 2-4 所示。

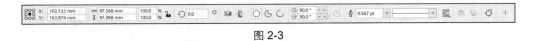

图 2-3

（3）选中圆形，选择【编辑】→【复制】命令，再选择【编辑】→【粘贴】命令，在同一位置复制出一个新圆形，如图 2-5 所示。

（4）单击选择工具▶，选中步骤（3）复制的新圆形，通过属性栏对其大小进行设置，如图 2-6 所示。

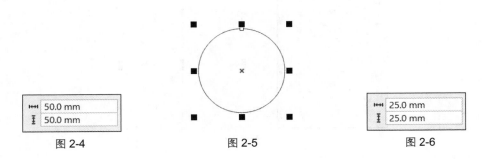

图 2-4   图 2-5   图 2-6

（5）单击选择工具 ▷，绘制一个可以包含两个圆形的选取框，选中两个圆形，选择【对象】→【对齐与分布】→【水平居中对齐】命令，再选择【对象】→【对齐与分布】→【垂直居中对齐】命令，将两个圆形沿中心对齐，如图 2-7 所示。

2. 切割同心圆。

（1）绘制一条直线。单击贝塞尔工具 ✐，在任意位置单击确定直线的起点，按住 Ctrl 键，再次单击确定直线的终点，如图 2-8 所示。单击选择工具 ▷，选中直线，在属性栏中 ○ 右侧的数值框中输入"30°"，按 Enter 键，效果如图 2-9 所示。

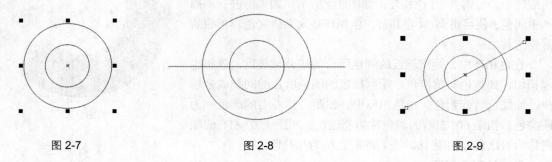

图 2-7　　　　　　　　　　　　图 2-8　　　　　　　　　　　　图 2-9

（2）单击选择工具 ▷，选中直线，按住 Shift 键，再选中两个圆形，这时直线和两个圆形都被选中。选择【对象】→【对齐与分布】→【水平居中对齐】命令，再选择【对象】→【对齐与分布】→【垂直居中对齐】命令，使直线和两个圆形沿中心对齐，如图 2-10 所示。

（3）单击选择工具 ▷，选中直线，再选择【窗口】→【泊坞窗】→【变换】命令，打开【变换】面板，如图 2-11 所示，然后单击旋转图标 ○，设置角度值及副本数量，如图 2-12 所示，单击【应用】按钮。

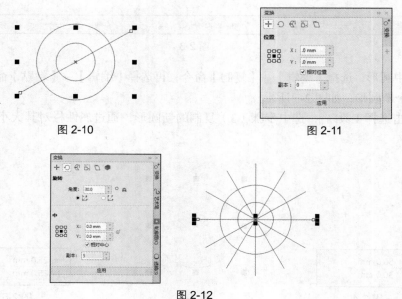

图 2-10　　　　　　　　　　　　　　　　　图 2-11

图 2-12

（4）单击选择工具，按住 Shift 键选中两个圆形，在属性栏中单击合并图标，使两个圆形结合成圆环。单击选择工具，选中圆环，再单击调色板中的黄色，将圆环填充为黄色，如图 2-13 所示。

（5）单击选择工具，再单击任意一条直线，选择【对象】→【造型】→【形状】命令，在弹出的【形状】面板中选择【修剪】选项，并勾选【保留原始源对象】复选框，如图 2-14 所示，单击【修剪】按钮，再单击黄色圆环，完成修剪，效果如图 2-15 所示。

（6）单击选择工具，按住 Shift 键依次选中剩下的 5 条直线，重复步骤（5），效果如图 2-16 所示。

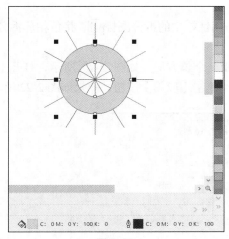

图 2-13

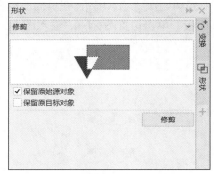

图 2-14

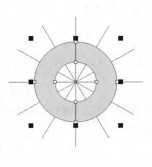

图 2-15

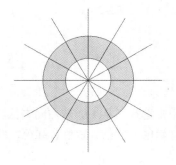

图 2-16

（7）单击选择工具，按住 Shift 键将 6 条直线全部选中，单击属性栏中的组合对象图标，将直线组合成组。按住 Shift 键，拖曳 4 个角上的任意一个方形节点，对其进行等比例缩放，如图 2-17 所示。单击工具箱中的钢笔工具，在钢笔工具属性栏的【宽度】数值框中输入 "0.2mm"，在【起始箭头】和【终止箭头】下拉列表框中选择一种相同的箭头，如图 2-18 所示。单击选择工具，选中黄色的色相环，在属性栏中旋转图标右侧的数值框中输入 "15°"，效果如图 2-19 所示。

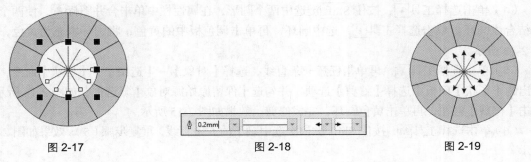

图 2-17　　　　　　　　　　图 2-18　　　　　　　　　　图 2-19

3. 为色相环填色。

（1）单击选择工具 ，选中黄色的色相环，再单击属性栏中的拆分图标 ，将色相环拆分成 12 等份。

（2）单击矩形工具 ，在页面的空白位置任意绘制一个长方形，如图 2-20 所示，打开【变换】面板，单击位置图标 ，输入图 2-21 所示的参数，单击【应用】按钮，效果如图 2-22 所示。

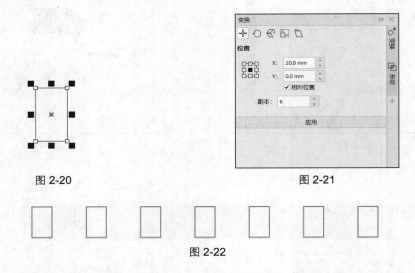

图 2-20　　　　　　　　　　　　图 2-21

图 2-22

（3）单击选择工具 ，从左向右依次选中长方形，并分别为它们填充调色板中的红色、橘红色、黄色、绿色、青色、紫色、红色，效果如图 2-23 所示。

图 2-23

（4）单击工具箱中的混合工具 ，在属性栏的【调和对象】数值框中输入"1"，如图 2-24 所示，在第 1 个红色长方形上按住鼠标左键，将红色长方形拖曳至第 2 个橘红色长方形上，松开鼠标左键，效果如图 2-25 所示。单击选择工具 ，确定上述操作。

图 2-24

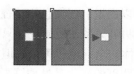

图 2-25

（5）单击混合工具 🎨，再选择第 2 个橘红色长方形，并将其拖曳到第 3 个黄色长方形上，对其进行调和，依次类推，效果如图 2-26 所示。

（6）单击滴管工具 🖊️，单击第 1 个长方形，选取颜色，再单击色相环最顶端的区域，颜色就被填充到了色相环中；继续单击第 2 个长方形，选取颜色，再单击色相环中刚才填充的色块旁边的（顺时针方向）区域，颜色就被填充到了色相环中。依次类推，完成 12 个色块的填充，效果如图 2-27 所示。

图 2-26

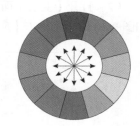

图 2-27

2.2.2　明度

一、明度概述

色彩的明暗程度叫明度。不同的颜色有不同的明度。从色相环中可以看到，颜色越亮明度越高，颜色越暗明度越低。

认识明度，最好从黑白两色入手，这样容易辨识。在黑白两色之间有不同程度的灰色，它们具有明暗强弱上的细微变化，白色最亮，明度最高；黑色最暗，明度最低。将它们按照一定的间隔划分，就构成了"明度序列"，如图 2-28 所示。

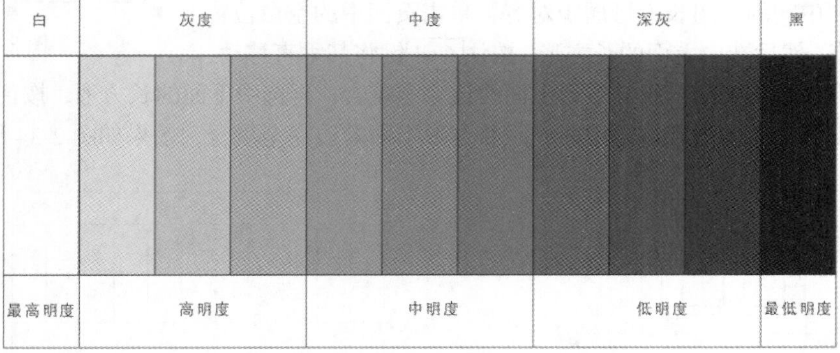

白	灰度		中度		深灰		黑
最高明度	高明度		中明度		低明度		最低明度

图 2-28

明度可以由没有任何色相特征的色彩通过黑、白、灰的关系表现出来，而色相和纯度则必须依赖一定的明暗关系才能显现。只要有色彩，就会有明暗关系。例如，同一物体，用彩色照片表现的是该物体的全部色彩关系；但如果用黑白照片表现，则只是反映了该物体色彩的明度关系。

掌握好明度的变化是处理好画面色彩层次的关键。用明度等级序列可衍生出明度秩序结构，通过明度秩序结构可以增强空间感、深度感和光感。

二、绘制明度序列

利用 CorelDRAW 2021 绘制明度序列共分为 3 个步骤，分别是绘制长方形、为长方形填色和添加文字说明。

1．绘制长方形。

（1）单击矩形工具▢，在新建页面中的空白位置绘制一个长方形，并设置其宽和高，如图 2-29 所示。

图 2-29

（2）打开【变换】面板，单击位置图标✛，设置长方形的位置和副本数量，如图 2-30 所示，单击【应用】按钮，效果如图 2-31 所示。

图 2-30　　　　　　　　　　　　　　图 2-31

（3）单击矩形工具▢，在绘制好的这组长方形的上、下方各绘制一个宽为 110mm、高为 10mm 的长方形，效果如图 2-32 所示。

（4）单击选择工具▶，按住 Shift 键，依次选中上面的长方形和下面的长方形，再选中中间的第 6 个长方形，如图 2-33 所示。选择【对象】→【对齐与分布】→【垂直居中对齐】命令，将上、下两个长方形和中间的一组长方形居中对齐，单击页面中的空白位置退出选择状态。然后选中上面的长方形，按住 Ctrl 键将其垂直移动，使其下面的那条边与中间一组长方形上面的边完全重合；再选中下面的长方形，按住 Ctrl 键将其垂直移动，使其上面的那条边与中间一组长方形下面的边完全重合，效果如图 2-34 所示。

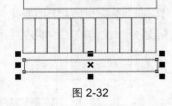

图 2-32

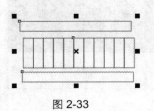

图 2-33

图 2-34

（5）单击贝塞尔工具 ✍，在中间一组长方形第 1 个长方形的右边，按住 Ctrl 键绘制一条垂直的直线，再单击选择工具 ⬀，确定直线已经绘制好。用同样的方法在第 4 个长方形的右边、第 7 个长方形的右边和第 10 个长方形的右边，各绘制一条垂直的直线（选择【查看】→【贴齐】→【对象】命令，可使直线的起点贴近需对齐的节点），如图 2-35 所示。

2. 为长方形填色。

（1）单击选择工具 ⬀，选中中间一组长方形中的第 1 个长方形，单击调色板中的白色；再选中中间一组长方形中的最后一个长方形，单击调色板中的黑色，如图 2-36 所示。

图 2-35

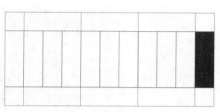

图 2-36

（2）单击混合工具 ✎，在属性栏的【步数】数值框中输入"9"，如图 2-37 所示。在第 1 个白色长方形上按住鼠标左键不放，将其拖曳到最后一个黑色长方形上后释放鼠标左键，效果如图 2-38 所示。

图 2-37

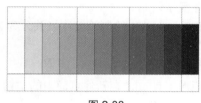

图 2-38

3. 添加文字说明。

单击文本工具 字，在最上面一排最左边的方格中单击，输入文字"白"，再单击选择工具 ⬀，在属性栏的字体列表中选择"黑体"，设置字体大小为"6 号"；然后在第二个方格中输入文字"灰度"，用同样的方法更改文字的字体及大小，输入所有文字后的最终效果如图 2-39 所示。

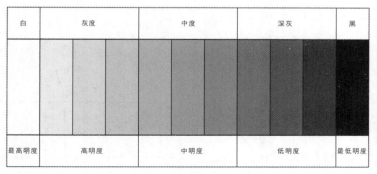

图 2-39

45

2.2.3　纯度

一、纯度概述

纯度又称彩度、饱和度，是指色彩的艳丽程度。纯度也是色彩的基本属性之一。一般在未调和的颜色中调入白色或黑色，就会使颜色的纯度降低。以黄色为例，向纯黄色中加入一点灰色，纯度下降。继续增加灰色的量，颜色会越来越暗，纯度持续下降。最接近纯色的颜色叫高纯度色，接近灰色的颜色叫低纯度色，处于中间的颜色叫中纯度色，如图 2-40 所示。

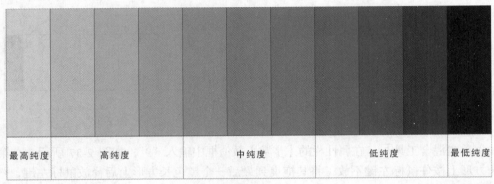

| 最高纯度 | 高纯度 | 中纯度 | 低纯度 | 最低纯度 |

图 2-40

二、绘制纯度序列

利用 CorelDRAW 2021 绘制纯度序列共分为 3 个步骤，分别是绘制长方形、为长方形填色和添加文字说明。

1. 绘制长方形。

（1）单击矩形工具 ▢，在新建页面中的空白位置绘制一个长方形，其宽和高的设置如图 2-41 所示。

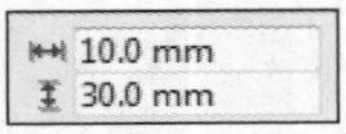

图 2-41

（2）打开【变换】面板，单击位置图标 ✛，设置长方形的参数，如图 2-42 所示，单击【应用】按钮，效果如图 2-43 所示。

图 2-42

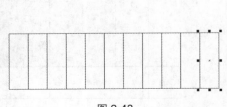

图 2-43

（3）单击矩形工具 □ ，在绘制好的这组长方形的下方绘制一个宽为 110mm、高为 10mm 的长方形，如图 2-44 所示。

（4）单击选择工具 ▶ ，选中下面的长方形，再选中上面的第 6 个长方形，选择【对象】→【对齐与分布】→【水平居中对齐】命令，将下面的长方形和上面的一组长方形居中对齐，然后单击下面的长方形，按住 Ctrl 键将其垂直移动，使其上面的那条边与上面一组长方形下面的边完全重合，效果如图 2-45 所示。

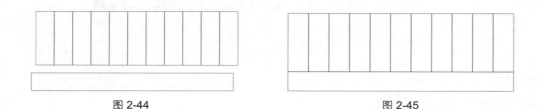

图 2-44　　　　　　　　　　　　　　　　　　　图 2-45

（5）单击贝塞尔工具 ✎ ，在上面一组长方形第 1 个长方形的右下方，按住 Ctrl 键绘制一条垂直的直线，再单击选择工具 ▶ ，确定直线已经绘制好。重复以上步骤，用同样的方法在第 4 个长方形的右下方、第 7 个长方形的右下方和第 10 个长方形的右下方各绘制一条垂直的直线，如图 2-46 所示。

2.　为长方形填色。

（1）单击选择工具 ▶ ，选中上面一组长方形中的第 1 个长方形，单击调色板中的黄色，再选中上面一组长方形中的最后一个长方形，单击调色板中的黑色，如图 2-47 所示。

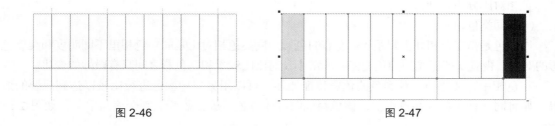

图 2-46　　　　　　　　　　　　　　　　　　　图 2-47

（2）单击混合工具 ⬚ ，在属性栏的【调和对象】数值框中输入"9"，如图 2-48 所示，在第 1 个黄色长方形上按住鼠标左键不放，将其拖曳到最后一个黑色长方形上后释放鼠标左键，效果如图 2-49 所示。

图 2-48

图 2-49

3. 添加文字说明。

单击文本工具 字，参照明度中的方法输入文字，最终效果如图 2-50 所示。

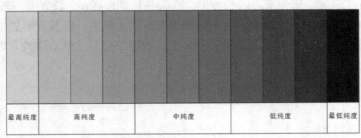

图 2-50

2.3 色彩对比

各颜色间的差异形成了色彩对比。在同样的条件下，将两种或两种以上的色彩放在一起，比较它们的色相差异、明度差异、纯度差异，以及它们之间的相互关系，就形成了色彩间的对比。

2.3.1 色相对比

一、色相对比概述

因色相的差异而形成的色彩对比称为色相对比。色相在色相环上的距离远近决定了色相对比的强弱。

色相对比分为 4 种。

（1）同类色相对比。

同类色是指在色相环上相距 15° 左右的色彩。同类色相对比是同一色相里不同明度和纯度色彩的对比，视觉所能感受到的色相差异非常小，对比比较柔和，色彩之间只有微妙的变化。

在色相中，要想使一种颜色的色彩特征加强，可以用另一种颜色进行比较以达到想要的效果，如将同一种黄色放在橙色上，该色会偏向柠檬黄色，放在蓝色上则会偏向中黄，如图 2-51 所示。

（2）邻近色相对比。

邻近色是指在色相环上相距 60° 左右的色彩。邻近色相的色彩比同类色相的更丰富、活泼，在整体色调上可以保持一致，或为暖色调，或为冷暖中调，或为冷色调，如图 2-52 所示。

图 2-51

图 2-52

（3）对比色相对比。

对比色是指在色相环上相距 120° 左右的色彩。对比色相的色彩比邻近色相的更鲜明、饱满，但是由于其色相对比强烈，难以调和与统一，如图 2-53 所示。

（4）互补色相对比。

互补色是指在色相环上相距 180° 左右的色彩，其对比最为强烈。一对互补色放在一起，可以使对方的色彩更加鲜明，互补色相对比具有强烈的视觉冲击力，但运用不当容易产生生硬的消极效果。因此，可以通过调整色彩的明度、纯度，达到色彩的协调与统一，如图 2-54 所示。

图 2-53

图 2-54

二、绘制色相对比

利用 CorelDRAW 2021 绘制色相对比共分为两个步骤，分别是制作单个图形、制作多个图形并添加标注文字。

1. 制作单个图形。

（1）单击矩形工具 □，在页面中的空白位置按住 Ctrl 键绘制一个正方形，其大小为 50mm×50mm，如图 2-55 所示。

（2）单击贝塞尔工具 ✎，在正方形框内绘制出图 2-56 所示的几何形状并将其填充为黄色，用鼠标右键单击调色板中的 ☒，选择【设置轮廓颜色】命令，去掉形状的轮廓线（注意：在绘制的时候要将起点和终点完全重合）。

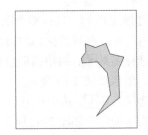

图 2-56

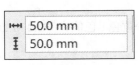

图 2-55

（3）单击形状工具 ⬚，选择黄色几何形状，在两个节点间的线段上单击鼠标右键，在弹出的菜单中选择【到曲线】命令，再拖曳线段使其变得圆滑（注意：在节点上双击可以删除节点，在需要增加节点的地方双击可以增加新的节点），最终效果如图 2-57 所示。

（4）单击选择工具 ▶，在黄色几何形状上双击，进入旋转状态，按住鼠标左键并拖曳中心点 ⊙ 到图 2-58 所示的位置。

图 2-57

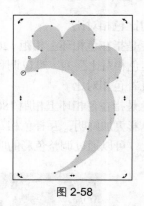

图 2-58

（5）打开【变换】面板，然后单击旋转图标 ⟳，具体的参数设置如图 2-59 所示，单击【应用】按钮，效果如图 2-60 所示。

图 2-59

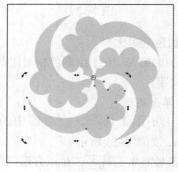

图 2-60

（6）单击选择工具 ▙，按住 Shift 键依次单击 4 个黄色图形，单击属性栏中的合并图标 ▣，将 4 个图形合并成一个整体。

（7）单击选择工具 ▙，选择整个图形，按住 Shift 键，单击选取框 4 个角的任意一角，按住鼠标左键并向内拖曳，在释放鼠标左键的同时单击鼠标右键，可以同比例复制出一个图形。

（8）单击选择工具 ▙，再单击调色板中的橘红色，然后在属性栏中旋转图标 ⟳ 右侧的数值框中输入"60°"，效果如图 2-61 所示。

（9）单击选择工具 ▙，选中正方形，单击调色板中的深黄色（色值为"C:0 M:20 Y:100 K:0"），将正方形填充为深黄色，如图 2-62 所示。

2．制作多个图形并添加标注文字。

（1）单击选择工具 ▙，按住鼠标左键并从正方形的左上角拖曳到右下角，将页面中的正方形和图形全部选中，按住 Ctrl 键向右平移所有图形，在释放鼠标左键的同时单击鼠标右键，复制出一个相同的图形。以同样的方式向下复制 2 个图形，调整它们的位置，效果如图 2-63 所示。

（2）单击选择工具 ▙，选中右上角的正方形，单击工具栏中的交互式填充工具 ◈，单击属性栏中的编辑填充图标 ▨，设置颜色为"C:20 M:0 Y:100 K:0"。

图 2-61

图 2-62

图 2-63

（3）单击选择工具 ，选中左下角的正方形，单击工具栏中的交互式填充工具 ，单击属性栏中的编辑填充图标 ，设置颜色为"C:60 M:0 Y:60 K:20"。

（4）单击选择工具 ，选中右下角的正方形，单击工具栏中的交互式填充工具 ，单击属性栏中的编辑填充图标 ，设置颜色为"C:60 M:80 Y:0 K:20"，效果如图 2-64 所示。

（5）单击文本工具 ，在左上角的正方形下面输入文字"同类色相"，单击选择工具 ，在属性栏的字体列表中选择"黑体"，设置字体大小为"10 号"。然后在右上角的正方形下面输入文字"邻近色相"，在左下角的正方形下面输入文字"对比色相"，在右下角的正方形下面输入文字"互补色相"，用同样的方法更改文字的字体及大小，最终效果如图 2-65 所示。

图 2-64

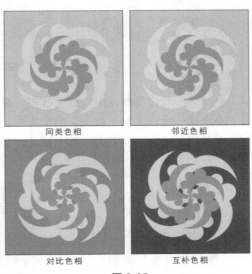

图 2-65

2.3.2 明度对比

一、明度对比概述

因色彩的明暗差异而形成的对比称为明度对比。明度序列表中将明度分为 11 级，0°表示明度最低，10°表示明度最高，0°～3°为低调色，4°～6°为中调色，7°～10°为高调色，如图 2-66 所示。

高调色				中调色			低调色			
10°	9°	8°	7°	6°	5°	4°	3°	2°	1°	0°

图 2-66

色彩间明度差异的大小决定了明度对比的强弱。差 3°以内的对比称为短调对比，差 3°～5° 的对比称为中调对比，差 5°以上的对比称为长调对比。

不同的明度对比会让人在视觉上和心理上产生不同的感觉。

1. 高短调：对比度相差小，感觉轻柔、明净、含蓄，如图 2-67 所示。
2. 高中调：对比度相差较大，感觉愉快、优雅、温柔，如图 2-68 所示。
3. 高长调：对比度相差大，感觉活泼、明亮、富有刺激感，如图 2-69 所示。

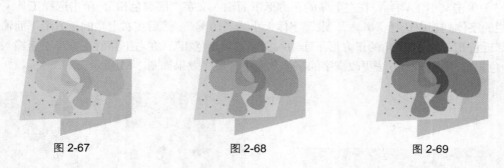

图 2-67　　　　　　　　　图 2-68　　　　　　　　　图 2-69

4. 中短调：对比度相差小，感觉模糊、朦胧、平淡，如图 2-70 所示。
5. 中中调：对比度相差较大，感觉适中、舒适、丰富，如图 2-71 所示。
6. 中长调：对比度相差大，感觉强健、坚实、壮实，如图 2-72 所示。

图 2-70　　　　　　　　　图 2-71　　　　　　　　　图 2-72

7. 低短调：对比度相差小，感觉深沉、忧郁、寂静，如图 2-73 所示。

8. 低中调：对比度相差较大，感觉朴实、厚重、内向，如图 2-74 所示。

9. 低长调：对比度相差大，感觉强烈、苦闷、有爆发力，如图 2-75 所示。

图 2-73   图 2-74   图 2-75

10. 最长调：由黑白两色构成，明度对比最强，感觉醒目、生硬、明晰、直接。

对服装设计的色彩应用而言，明度对比的正确与否决定了配色的光感、明快感、清晰感及其给人的感受。

二、绘制明度对比

接下来利用 CorelDRAW 2021 绘制明度对比，共分为两个步骤，分别是制作单个图案和制作多个图形。

1. 制作单个图案。

（1）单击贝塞尔工具 ✐，在页面空白处绘制两个不规则的四边形，为它们填充浅蓝色（色值分别为 "C:10 M:0 Y:0 K:0" 和 "C:30 M:0 Y:0 K:0"），并用鼠标右键单击调色板中的 ⊠，选择【设置轮廓颜色】命令，去掉图案的轮廓线，如图 2-76 所示。

（2）单击椭圆形工具 ◯，按住 Ctrl 键，在左侧的四边形上绘制一个小圆形，并为其填充红色（色值为 "C:0 M:100 Y:100 K:0"），用鼠标右键单击调色板中的 ⊠，选择【设置轮廓颜色】命令，去掉图案的轮廓线。

（3）按住鼠标左键并随意拖曳红色的小圆形到任意位置，释放鼠标左键的同时单击鼠标右键，对其进行复制。在左侧的四边形上复制出若干个红色小圆形，如图 2-77 所示。

（4）单击贝塞尔工具 ✐，在左侧的四边形内绘制出图 2-78 所示的几何形状，为其填充蓝色（色值为 "C:40 M:0 Y:0 K:0"），并用鼠标右键单击调色板中的 ⊠，选择【设置轮廓颜色】命令，去掉图案的轮廓线。

图 2-76   图 2-77   图 2-78

（5）单击形状工具 ，选择蓝色几何形状，在两个节点中的线段上单击鼠标右键，选择【到曲线】命令，再拖曳线段使其变得圆滑。对几何形状进行调整，最终效果如图 2-79 所示。

（6）单击选择工具 ，选择蘑菇图形，按住鼠标左键，将其拖曳到适当位置，释放鼠标左键的同时单击鼠标右键，对其进行复制，并为其填充蓝色（色值为 "C:20 M:0 Y:0 K:0"）。随后在图形上双击，再将其旋转至适当位置，如图 2-80 所示。

（7）打开【形状】面板，选择【相交】选项，并勾选【保留原始源对象】和【保留原目标对象】复选框。单击前面的浅色蘑菇图形，单击【形状】面板中的【相交对象】按钮；再单击后面颜色较深的蘑菇图形，在两个蘑菇图形相交的部分复制出一个新的图形，如图 2-81 所示，为新的图形填充颜色，色值为 "C:30 M:0 Y:0 K:0"。

图 2-79

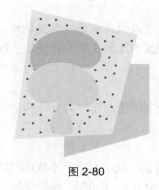
图 2-80

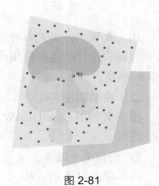
图 2-81

（8）按照步骤（6）中的方法再复制出一个蘑菇图形，为其填充颜色，色值为 "C:35 M:0 Y:0 K:0"，并将其旋转到适当的角度。用步骤（7）中的方法将最后面的蘑菇图形和另外两个蘑菇图形相交，如图 2-82 所示，分别为相交后的两个图形填充颜色，色值为 "C:10 M:0 Y:0 K:0" 和 "C:30 M:0 Y:0 K:0"。

2. 制作多个图形。

（1）单击选择工具 ，将所有图形都选中，按住 Ctrl 键，再按住鼠标左键将其向右拖曳到空白位置，在释放鼠标左键的同时单击鼠标右键，以复制图形，效果如图 2-83 所示。

图 2-82

（2）单击选择工具 ，将图 2-83 中标注的 1～8 个色块分别按照下列色值更改：① "C:70 M:0 Y:0 K:0"；② "C:60 M:0 Y:0 K:0"；③ "C:50 M:0 Y:0 K:0"；④ "C:50 M:0 Y:0 K:0"；⑤ "C:40 M:0 Y:0 K:0"；⑥ "C:70 M:0 Y:0 K:0"；⑦ "C:10 M:0 Y:0 K:0"；⑧ "C:30 M:0 Y:0 K:0"。效果如图 2-84 所示。

（3）按照步骤（1）和步骤（2）中的方法，在页面的右侧复制出第三组图形，并为其填充颜色，色值分别为① "C:70 M:0 Y:10 K:30"；② "C:40 M:0 Y:10 K:10"；③ "C:50 M:0 Y:10 K:10"；④ "C:50 M:0 Y:10 K:10"；⑤ "C:40 M:0 Y:10 K:10"；⑥ "C:70 M:0 Y:10 K:30"；⑦ "C:10 M:0 Y:0 K:0"；⑧ "C:20 M:0 Y:0 K:0"。效果如图 2-85 所示。

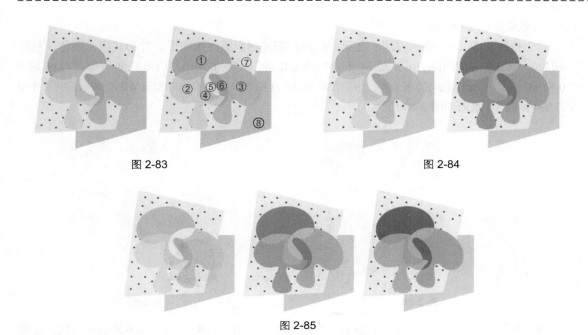

图 2-83   图 2-84

图 2-85

（4）按照步骤（3）中的方法，在第一排正下方复制出第四组图形，并为其填充颜色，色值分别为①"C:40 M:0 Y:10 K:20"；②"C:30 M:0 Y:10 K:20"；③"C:30 M:0 Y:10 K:10"；④"C:30 M:0 Y:10 K:10"；⑤"C:20 M:0 Y:10 K:10"；⑥"C:40 M:0 Y:10 K:20"；⑦"C:40 M:0 Y:0 K:10"；⑧"C:50 M:0 Y:0 K:10"。效果如图 2-86 所示。

（5）按照步骤（3）中的方法，在第二排的中间复制出第五组图形，并为其填充颜色，色值分别为①"C:40 M:0 Y:0 K:0"；②"C:30 M:0 Y:0 K:0"；③"C:20 M:0 Y:0 K:0"；④"C:20 M:0 Y:0 K:0"；⑤"C:30 M:0 Y:0 K:0"；⑥"C:40 M:0 Y:0 K:0"；⑦"C:40 M:0 Y:0 K:10"；⑧"C:50 M:0 Y:0 K:10"。效果如图 2-87 所示。

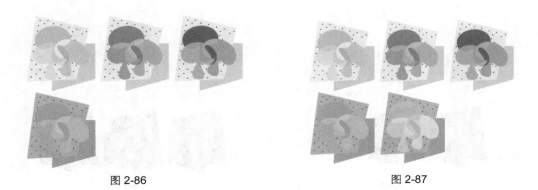

图 2-86   图 2-87

（6）按照步骤（3）中的方法，在第二排的右侧复制出第六组图形，并为其填充颜色，色值分别为①"C:20 M:0 Y:0 K:0"；②"C:15 M:0 Y:0 K:0"；③"C:10 M:0 Y:0 K:0"；④"C:10 M:0 Y:0 K:0"；⑤"C:15 M:0 Y:0 K:0"；⑥"C:20 M:0 Y:0 K:0"；⑦"C:40 M:0 Y:0 K:10"；⑧"C:50 M:0 Y:0

K:10"。效果如图 2-88 所示。

（7）按照步骤（3）中的方法，在第三排的左侧复制出第七组图形，并为其填充颜色，色值分别为① "C:90 M:0 Y:0 K:70"；② "C:60 M:0 Y:0 K:60"；③ "C:40 M:0 Y:0 K:50"；④ "C:60 M:0 Y:0 K:50"；⑤ "C:60 M:0 Y:0 K:60"；⑥ "C:90 M:0 Y:0 K:70"；⑦ "C:100 M:0 Y:0 K:90"；⑧ "C:100 M:0 Y:0 K:80"。效果如图 2-89 所示。

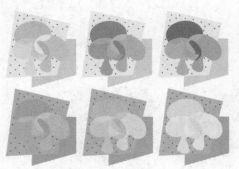

图 2-88　　　　　　　　　　　　　　　图 2-89

（8）按照步骤（3）中的方法，在第三排的中间复制出第八组图形，并为其填充颜色，色值分别为① "C:70 M:0 Y:10 K:30"；② "C:70 M:0 Y:20 K:20"；③ "C:55 M:0 Y:20 K:20"；④ "C:55 M:0 Y:20 K:20"；⑤ "C:70 M:0 Y:20 K:20"；⑥ "C:70 M:0 Y:10 K:30"；⑦ "C:100 M:0 Y:0 K:90"；⑧ "C:100 M:0 Y:0 K:80"。效果如图 2-90 所示。

（9）按照步骤（3）中的方法，在第三排的右侧复制出第九组图形，并为其填充颜色，色值分别为① "C:50 M:0 Y:0 K:0"；② "C:30 M:0 Y:0 K:0"；③ "C:20 M:0 Y:0 K:0"；④ "C:20 M:0 Y:0 K:0"；⑤ "C:30 M:0 Y:0 K:0"；⑥ "C:50 M:0 Y:0 K:0"；⑦ "C:100 M:0 Y:0 K:90"；⑧ "C:100 M:0 Y:0 K:80"。效果如图 2-91 所示。

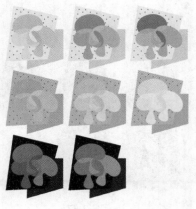

图 2-90　　　　　　　　　　　　　　　图 2-91

（10）单击文本工具字，在第一排第一组图形的下面输入文字"高短调"，单击选择工具，在属性栏的字体列表中选择"黑体"，并选择合适的字号。用相同的方法在每组图形下面分别输入相应的文字，效果如图 2-92 所示。

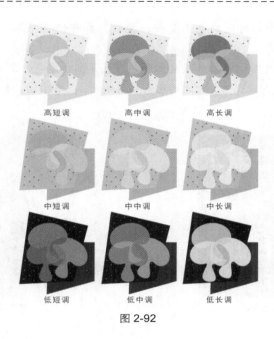

图 2-92

2.3.3　纯度对比

一、纯度对比概述

色彩的纯度对比指鲜艳色彩与混浊色彩的对比，纯度也可称为彩度。把纯度序列分成 5 段，纯色所在段为最高纯度，无彩色所在段为最低纯度，靠近纯色的一段为高纯度，靠近无彩色的一段为低纯度，余下的中间段为中纯度。

一般来说，色彩纯度的高低决定着纯度对比的强弱，下面对 4 种组合进行对比。

1. 高彩对比：在纯度对比中，如果主体物的颜色和其他颜色都属于高纯度色，那么这类对比被称为高彩对比；高彩对比的色彩鲜艳、华丽，色彩效果强烈，但是容易造成视觉疲劳，如图 2-93 所示。

2. 低彩对比：在纯度对比中，如果主体物的颜色和其他颜色都属于低纯度色，那么这类对比被称为低彩对比；低彩对比的色彩含蓄、低沉，具有神秘感，如图 2-94 所示。

图 2-93

图 2-94

3. 中彩对比：在纯度对比中，如果主体物的颜色和其他颜色都属于中纯度色，那么这类对比被称为中彩对比；中彩对比的色彩温和、柔软，具有稳重、浑厚的视觉效果，如图 2-95 所示。

4．艳灰对比：在纯度对比中，如果主体物的颜色是高纯度色，其他颜色都属于低纯度色，那么这类对比被称为艳灰对比；艳灰对比的色彩相互映衬，具有生动、活泼的视觉效果，如图 2-96 所示。

图 2-95　　　　　　　　　　　　　　　　　　图 2-96

二、绘制纯度对比

利用 CorelDRAW 2021 绘制纯度对比共分为两个步骤，分别是制作单个图案、制作多个图形并添加标注文字。

1．制作单个图案。

（1）单击矩形工具 ，在页面中的空白位置绘制一个长方形，在属性栏中将其大小设置为 50mm×65mm，为其填充蓝色（色值为"C:100 M:0 Y:0 K:0"），并用鼠标右键单击调色板中的 ，选择【设置轮廓颜色】命令，去掉图案的轮廓线。

（2）单击椭圆形工具 ，按住 Ctrl 键，在蓝色的长方形区域内绘制一个直径为 20mm 的圆形，为其填充黄色（色值为"C:0 M:0 Y:100 K:0"），并用鼠标右键单击调色板中的 ，选择【设置轮廓颜色】命令，去掉图案的轮廓线，如图 2-97 所示。

（3）单击选择工具 ，按住鼠标左键拖曳圆形到适当位置，在释放鼠标左键的同时单击鼠标右键，对其进行复制，按住 Ctrl 键拖曳选取框的一角进行等比例缩放。采用同样的方法复制 11 个大小、位置不同的圆形，如图 2-98 所示。

图 2-97　　　　　　　　　　　　　　　　　　图 2-98

（4）单击椭圆形工具 ，按住 Ctrl 键，在蓝色长方形区域内绘制一个直径为 23mm 的圆形，单击调色盘中的 ⊘ 图标，在属性栏中设置【轮廓宽度】为 "1.0 pt"，并在调色板中的深黄色上单击鼠标右键，将其设为轮廓颜色（色值为 "C:0 M:20 Y:100 K:0"）。单击选择工具 ▶，按住 Shift 键，按住鼠标左键将选取框的对角位置向内拖曳到适当位置，在释放鼠标左键的同时单击鼠标右键，复制一个小圆圈，在属性栏中设置其大小为 2mm×2mm、【轮廓宽度】为 "0.1 pt"，效果如图 2-99 所示。

（5）单击混合工具 🗠，在属性栏中的【调和对象】数值框中输入 "8"，在小圆圈上按住鼠标左键不放，将其拖曳到大圆圈上后释放鼠标左键，效果如图 2-100 所示。

（6）单击选择工具 ▶，选择层叠的圆环，按住鼠标左键将其拖曳到适当位置，在释放鼠标左键的同时单击鼠标右键，对其进行复制，并将最大的圆环的【轮廓宽度】设置为 "0.5 pt"、大小设置为 12mm×12mm，将轮廓颜色设置为杏黄色（色值为 "C:0 M:15 Y:30 K:0"），效果如图 2-101 所示。

图 2-99

图 2-100

图 2-101

（7）单击椭圆形工具 ，按住 Ctrl 键，在蓝色长方形区域内再绘制一个直径为 8mm 的圆形，为其填充嫩苗色（色值为 "C:10 M:0 Y:80 K:0"）。按照步骤（3）中的方法再复制 3 个大小不一的圆形，将它们移动到适当位置，如图 2-102 所示。

（8）单击矩形工具 ▢，在页面中绘制一个 3mm×30mm 的长方形，单击形状工具 ⯎，拖曳长方形的任意一个角，使长方形的 4 个角变成圆角，为其填充黄色（色值为 "C:0 M:0 Y:100 K:0"），用鼠标右键单击 ⊘，选择【设置轮廓颜色】命令，取消其轮廓线，如图 2-103 所示。

（9）按照步骤（8）中的方法，再绘制两个圆角长方形，并为它们填充相应的颜色，如图 2-104 所示。

图 2-102

图 2-103

图 2-104

2. 制作多个图形并添加标注文字。

（1）双击选择工具 ，选择页面中的所有图形，按住 Ctrl 键，再按住鼠标左键，将其向右拖曳到空白位置，在释放鼠标左键的同时单击鼠标右键，复制图形。双击选择工具 ，将两个图形全部选中，按照前面的方法按住鼠标左键，将其向下拖曳到空白位置，在释放鼠标左键的同时单击鼠标右键，复制图形，如图 2-105 所示。

（2）单击选择工具 ，选中右上角图形的蓝色长方形背景，将颜色修改为"C:0 M:0 Y:10 K:0"；按住 Shift 键，依次选择黄色的一组图形，将颜色修改为"C:0 M:0 Y:0 K:20"；选择嫩苗色的一组图形，将颜色修改为"C:0 M:0 Y:0 K:10"；选择深黄色的圆环，将轮廓线的颜色修改为"C:0 M:0 Y:0 K:10"；选择杏黄色的圆环，将轮廓线的颜色修改为"C:20 M:0 Y:20 K:40"。效果如图 2-106 所示。

图 2-105

（3）单击选择工具 ，选中左下角图形的蓝色长方形背景，将颜色修改为"C:40 M:40 Y:0 K:60"；按住 Shift 键，依次选择黄色的一组图形，将颜色修改为"C:60 M:40 Y:0 K:0"；选择嫩苗色的一组图形，将颜色修改为"C:20 M:0 Y:20 K:20"；选择深黄色的圆环，将轮廓线的颜色修改为"C:100 M:0 Y:20 K:20"；选择杏黄色的圆环，将轮廓线的颜色修改为"C:20 M:0 Y:20 K:0"。效果如图 2-107 所示。

（4）单击选择工具 ，选中右下角图形的蓝色长方形背景，将颜色修改为"C:20 M:0 Y:20 K:20"；按住 Shift 键，依次选择黄色的一组图形，将颜色修改为"C:100 M:0 Y:0 K:0"；选择嫩苗色的一组图形，将颜色修改为"C:100 M:100 Y:0 K:0"；选择深黄色的圆环，将轮廓线的颜色修改为"C:0 M:0 Y:100 K:0"；选择杏黄色的圆环，将轮廓线的颜色修改为"C:0 M:0 Y:0 K:20"。效果如图 2-108 所示。

图 2-106

图 2-107

图 2-108

（5）单击文本工具 ，在第一排的第一组图形下面输入文字"高彩对比"，单击选择工具 ，在属性栏的字体列表中选择"黑体"，设置字体大小为"10 号"，在每组图形下面分别输入相应的文字，如图 2-109 所示。

高彩对比   低彩对比

中彩对比   艳灰对比

图 2-109

 ## 2.4　色彩心理

　　色彩心理主要研究不同色彩对人的心理产生的影响。本节主要包括色彩的心理功能、色彩的象征性、色彩的心理感受，以及色彩的通感等内容。

2.4.1　色彩的心理功能

　　色彩心理是指人在面对不同的物理光刺激时产生的心理反应。不同波长的光作用于人的视觉器官使人产生色感的同时，人所产生的心理活动也是不同的。心理学家通过实验发现，红色能使人的脉搏加快、血压上升、情绪兴奋；蓝色能使人的脉搏减缓、情绪平静。色彩在人生理和心理上产生作用的过程是同时交叉进行的，它们之间相辅相成，有一定的生理变化必然会产生一定的心理活动，在有一定的心理活动的同时也会发生一定的生理变化。例如，儿童对色彩的反应比较单纯，只对纯度、明度高的鲜艳色彩敏感；而老人的生理功能减弱，对色彩的反应较迟钝，辨色能力下降。兴奋型的人对色彩的反应敏感，尤其对暖色、纯色反应强烈；安静型的人对色彩的反应缓慢，多偏爱冷色和深色。为了赋予服装更多的魅力，设计师充分了解不同对象的色彩心理是十分必要的。只有掌握了人们认识色彩和欣赏色彩的心理规律，才能合理地将色彩运用到服装设计中。

2.4.2 色彩的象征性

在设计服装作品时，恰如其分、合理有效地应用色彩及多种对比效果，可以使作品更加丰富。因此，对典型色彩的象征性进行研究是有必要的。

色彩的象征内容并不是人们想象出来的产物，它是人们在长期的感受、认识和应用过程中总结的一种说法，当然，所谓的象征内容并不是绝对的，它和地域、时代、民族等文化环境的差异有着密切的联系。下面列举几种主要色彩的象征意义。

（1）红色。

红色在光谱中光波最长，在视网膜上成像的位置最深，具有较为强烈的刺激作用，极易引起人们的兴奋、紧张等情绪。心理学家通过实验发现，红色能够使人的肌肉机能和血液循环加强。由于红色具有刺激性，所以常常被用作旗帜、报警信号、交通标示等的指定色。在我国的用色习惯中，红色表示喜庆和吉利，如在婚庆嫁娶时人们总是喜欢挂红灯、穿红衣、戴红花等，而西方人则只将红色用于小面积的装饰。

红色与柠檬黄色搭配：红色变暗，呈现出被"征服"的效果。

红色与粉红色搭配：有平衡、降低热度的感觉。

红色与蓝绿色搭配：红色变得如燃烧的火焰。

红色与橙色搭配：红色显得暗淡无光。

红色与黑色搭配：红色迸发出最大的、不可征服的、超凡的热情。

（2）橙色。

橙色是黄色和红色的混合色，是色相环中最温暖的颜色，也是一种令人激奋的颜色，具有轻快、明朗、华丽、活泼、时尚的效果。橙色是易引起食欲的一种颜色，常用于食品包装中。

（3）黄色。

黄色是色相环中最明亮的颜色，具有快乐、希望、智慧和明朗的特征。在古代，黄色是帝王专用色，如皇帝的龙袍、龙椅及其他器具大多使用黄色，象征至高无上的权力和崇高的地位。

黄色与白色搭配：黄色变暗，白色使黄色降到了次要地位。

黄色与黑色搭配：黄色变得更加辉煌、积极。

黄色与橙色搭配：效果就像阳光照射在成熟的麦田中一样强烈。

黄色和绿色搭配：由于绿色中含有黄色的成分，所以它们搭配起来很有亲和力。

黄色和红色搭配：有着强有力的视觉效果，给人一种欣喜、辉煌夺目的感觉。

（4）绿色。

绿色的视觉观感比较舒适、温和，它会令人联想起郁郁葱葱的森林、绿油油的草坪和田野，意味着生长、富饶、充实、和平与希望。

当绿色向黄色倾斜变成黄绿色时，可以让人联想到大自然的清新与美好。

（5）蓝色。

蓝色是色相环中最冷的颜色，其光波很短。蓝色可使人联想到宇宙、天空与海洋，是最具清爽、清新感觉的一种颜色。在西方，蓝色象征着贵族。在我国传统的陶瓷艺术中常用到蓝色，其表现了人们沉稳内敛的性格。现在，蓝色常被用作科学探讨领域的代表色，因此，蓝色也成了具有科技感的颜色。

蓝色与黄色搭配：蓝色变暗，缺乏明度。

蓝色与黑色搭配：蓝色表现出一种明亮的效果，如同黑暗中的一丝光线。

蓝色与深褐色搭配：蓝色能使深褐色变得生动、明快。

（6）紫色。

紫色在色相环中是明度最低的颜色。鲜明的紫色高贵庄重，是古代高官的官袍色，在古希腊则是国王的服饰色。紫色也是象征虔诚的一种颜色。

紫色被认为是具有女性特征的颜色，因为紫色容易让人想起紫丁香、紫罗兰这一类的花。在服装设计中，紫色经常被用在女性服饰中，体现出一种温柔、优雅、浪漫的情调。

（7）黑色。

黑色是整个色彩体系中最暗的颜色，很容易使人联想到黑暗、悲伤、死亡和神秘，因此，大部分西方国家把黑色作为丧礼的服装颜色。此外，黑色可以体现出男性坚实、刚强的性格，黑色服饰可以突显男性庄重、沉稳、肃穆的气质。

（8）白色。

白色是由全部可见光均匀混合而成的，为全色光，是光明的象征，白色明亮、朴素、贞洁、神圣。在我国传统的习俗上，白色表示对故去亲人的缅怀、哀悼，一般是丧事用色。白色在西方则是结婚礼服的颜色，象征着神圣和纯洁。

（9）灰色。

从光感上看，灰色居于白色和黑色之间，属于中等明暗、无彩度的颜色。由于它对眼睛的刺激适中，所以在生活中，灰色的应用越来越广泛，变化也更加丰富。灰色可以给人消极和积极两方面的感觉，消极方面是指灰色体现出沉闷、寂寞、颓废的感觉，积极方面是指灰色能给人精致、含蓄、高雅等印象。

2.4.3　色彩的心理感受

色彩使人产生某种情感，当人们看到某一种颜色时，都会产生某种特殊的感觉，如在炎热的夏天，看到蓝色或白色的花，顿时就会有清净、凉爽的感觉。

色彩给人传递的感情因每个人年龄、阅历和民族的不同而不同，但还是有很多共性。下面介绍几种常见的共性。

（1）色彩的冷暖感。

色彩的冷暖感是人们最容易感受到的，不同的颜色会产生不同的冷暖感。红色、橙色、黄色常常使人联想到冉冉升起的太阳和熊熊烈火，因此会有温暖的感觉，这类颜色被称为暖色；蓝色、绿色、紫色常常使人联想起大海和阴郁的森林等，因此有寒冷的感觉，这类颜色被称为冷色。

暖色容易使人兴奋，但也会使人感到疲劳和烦躁不安；冷色使人镇静，但也会使人感到沉重和压抑。

（2）色彩的轻重感。

色彩的轻重感主要由其明度决定。高明度的色彩感觉比较轻，低明度的色彩感觉比较重，白色最轻，黑色最重；低明度色彩的搭配具有重感，高明度色彩的搭配具有轻感。

（3）色彩的强弱感。

色彩的强弱与色相、明度和纯度都有关系，高纯度的色彩具有强感，低纯度的色彩具有弱感；

对比度大的色彩具有强感，对比度小的色彩具有弱感。

（4）色彩的华丽感与朴素感。

色彩的华丽感与朴素感主要取决于色彩的纯度，其次取决于色相和明度。红色和黄色等暖色纯度高，具有华丽感；绿色、蓝色等冷色纯度低，具有朴素感。

色彩的华丽感与朴素感与色彩的搭配组合也有关系，从色相方面看，对比色相的组合显得华丽，同类色相和邻近色相的组合显得朴素。

（5）色彩的柔软感与坚硬感。

色彩的柔软感与坚硬感主要与纯度和明度有关，高明度的灰色具有柔软感，低明度的纯色具有坚硬感；纯度越高坚硬感越强，纯度越低柔软感越明显；强对比色具有坚硬感，弱对比色具有柔软感；白色是最软的色，黑色是最硬的色。

（6）色彩的兴奋感与沉静感。

兴奋感和沉静感的产生与色彩的色相、明度和纯度都有关系，其中纯度的影响最为明显。如果色彩的纯度降低了，其给人的兴奋感和沉静感会大大减弱。暖色系的高纯度色，如红色、橙色能给人以兴奋感，可以振奋精神；冷色系的低纯度色，如蓝色、绿色能给人以沉静感，可安定情绪。

研究色彩的心理感受对服装设计是非常重要的。夏天的服装采用冷色调，冬天的服装采用暖色调，这样可以调节人的冷暖感觉；儿童的服装采用强烈、跳跃、明快的色彩，这样能够充分表现出儿童的活泼、可爱。色彩有着强大的感染力，运用不同的色彩可以使服装的变化更加生动。

2.4.4　色彩的通感

一、色彩通感的概述

色彩的通感就是通过色彩给人的印象来表现人们对外界事物的感觉，如视觉、听觉、触觉和味觉等。"春、夏、秋、冬""男、女、老、幼""酸、甜、苦、辣""早、午、晚、夜"都可以用色彩通感来表现，这里以"春、夏、秋、冬"为例进行介绍。"春、夏、秋、冬"的表现如图 2-110 所示。

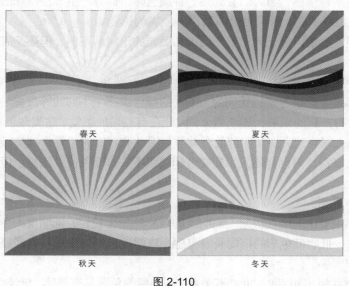

图 2-110

二、表现"春、夏、秋、冬"

利用 CorelDRAW 2021 绘制"春、夏、秋、冬"共分为两个步骤，分别是绘制"春"，复制"春"并绘制"夏、秋、冬"。

1. 绘制"春"。

（1）单击矩形工具 ▢，绘制一个长方形。在属性栏中将其大小修改为 70mm×50mm。单击选择工具 ▶，选中长方形，单击调色板中的白黄色（色值为"C:0 M:0 Y:40 K:0"），如图 2-111 所示。

（2）按照步骤（1）中的方法再绘制一个 70mm×15mm 的长方形，其填充颜色为"C:5 M:0 Y:40 K:0"，轮廓线颜色为无。单击选择工具 ▶，按住 Shift 键选中两个长方形，选择【对象】→【对齐与分布】→【垂直居中对齐】命令，再选择【对象】→【对齐与分布】→【底部对齐】命令，效果如图 2-112 所示。

图 2-111

图 2-112

（3）单击贝塞尔工具 ✐，在黄色长方形内绘制出图 2-113 所示的几何形状，并为其填充白色。

（4）单击选择工具 ▶，选中白色的几何形状，用鼠标右键单击调色板中的 ⧄，选择【设置轮廓颜色】命令，去掉形状的轮廓线。单击透明度工具 ▨，将透明度类型设置为均匀度透明 ▨，将透明度数值设置为 25。

（5）打开【变换】面板，单击旋转图标 ⟳，具体的参数设置如图 2-114 所示，单击【应用】按钮。

图 2-113

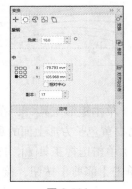

图 2-114

（6）单击矩形工具 ▢，在绘制好的图形的中下位置绘制一个 70mm×3mm 的矩形。单击选择工具 ▸，按住 Shift 键，选中白黄色的长方形和新绘制的矩形，选择【对象】→【对齐与分布】→【左对齐】命令，效果如图 2-115 所示。

（7）单击选择工具 ▸，选中矩形，按住 Ctrl 键，按住鼠标左键向下拖曳矩形到和原矩形并列的位置，释放鼠标左键的同时单击鼠标右键，对其进行复制；然后按 Ctrl + D 组合键 3 次，对其进行 3 次再制，效果如图 2-116 所示。

图 2-115

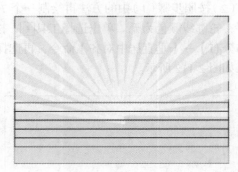

图 2-116

（8）单击选择工具 ▸，按住 Shift 键，选中 5 个矩形，按 Ctrl + G 组合键进行群组处理。单击封套工具 ▨，对群组中的一组矩形进行调整，效果如图 2-117 所示。

（9）单击选择工具 ▸，单击飘带型线条，单击属性栏中的取消群组图标 ▨。从上至下依次将图形填充为绿色"C:100 M:0 Y:100 K:0"、酒绿色"C:40 M:0 Y:100 K:0"、月光绿色"C:20 M:0 Y:60 K:0"、嫩苗绿色"C:10 M:0 Y:80 K:0"、黄色"C:0 M:0 Y:100 K:0"，并设置外轮廓线为无色，效果如图 2-118 所示。

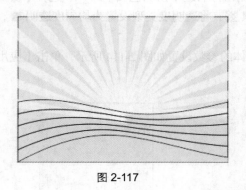

图 2-117

图 2-118

（10）单击矩形工具 ▢，在长方形的上方绘制一个宽于长方形的长方形，使该长方形下面的那条边与白黄色长方形上面的那条边完全重合，如图 2-119 所示。

（11）单击选择工具 ▸，打开【形状】面板，选择【形状】面板中的【修剪】选项，选择长方形，单击【修剪】按钮，接着选择白色的光芒部分，将多余的图形修剪掉，效果如图 2-120 所示。

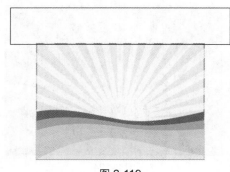

图 2-119　　　　　　　　　　　　　　　　图 2-120

（12）使用步骤（10）和步骤（11）中的方法，将左右两边多余的图形修剪掉。单击选择工具，按住 Shift 键，将飘带形的 5 个图形全部选中，单击鼠标右键，选择【顺序】→【到页面前面】命令，效果如图 2-121 所示。

2. 复制 "春" 并绘制 "夏、秋、冬"。

（1）双击选择工具，将页面中的全部图形都选中，再按住 Ctrl 键，并按住鼠标左键将图形水平向右移动，在释放鼠标左键的同时单击鼠标右键，复制图形。按照同样的方法，垂直向下复制图形，效果如图 2-122 所示。

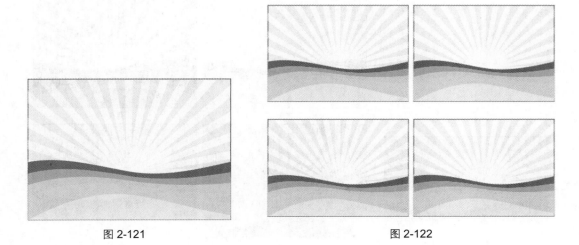

图 2-121　　　　　　　　　　　　　　　　图 2-122

（2）单击选择工具，选择右上角图形的长方形背景，将颜色修改为 "C:100 M:0 Y:10 K:0"，选择最上方的飘带图形，依次向下将颜色修改为 ① "C:100 M:100 Y:0 K:0"；② "C:50 M:100 Y:100 K:0"；③ "C:0 M:100 Y:100 K:0"；④ "C:0 M:60 Y:80 K:0"；⑤ "C:0 M:20 Y:100 K:0"；⑥ "C:0 M:30 Y:100 K:0"。效果如图 2-123 所示。

（3）单击选择工具，选择左下角图形的长方形背景，将颜色修改为 "C:10 M:65 Y:80 K:0"；选择最上方的飘带图形，依次向下将颜色修改为 ① "C:0 M:60 Y:80 K:0"；② "C:0 M:40 Y:80 K:0"；③ "C:0 M:20 Y:100 K:0"；④ "C:0 M:0 Y:100 K:0"；⑤ "C:0 M:10 Y:70 K:0"；⑥ "C:40 M:75 Y:100 K:0"。效果如图 2-124 所示。

图 2-123

图 2-124

（4）单击选择工具 ，选择右下角图形的长方形背景，将颜色修改为 "C:20 M:20 Y:30 K:0"；选择最上方的飘带图形，依次向下将颜色修改为 ① "C:20 M:0 Y:0 K:60"；② "C:20 M:0 Y:0 K:40"；③ "C:10 M:0 Y:0 K:20"；④ "C:0 M:0 Y:0 K:10"；⑤ "C:0 M:0 Y:0 K:0"；⑥ "C:0 M:0 Y:0 K:10"。效果如图 2-125 所示。

（5）单击文字工具 ，在左上角图形的下面输入文字 "春天"，单击选择工具 ，在属性栏的字体列表中选择 "黑体"，设置字体大小为 "10 号"，在每组图形的下面分别输入相应的文字，效果如图 2-126 所示。

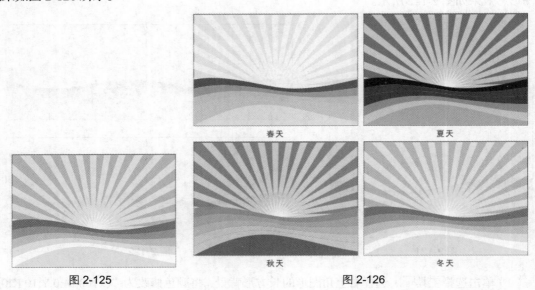

春天

夏天

秋天

冬天

图 2-125

图 2-126

 ## 2.5　服装色彩设计的原则与方法

作为一名服装设计师，在对色彩的基本知识有所了解后，还需了解服装色彩设计的原则与方法。

2.5.1　服装色彩设计的原则

（1）整体性。

如果设计师设计出了服装的整体风格，那么服装的款式、色彩、材料都要为表现这一风格而服务，其中包括运用色彩知识中的色彩心理来表现服装所要表达的风格。同时，色彩的组合关系也是服装整体性中的关键要素。当服装的风格偏向稳重时，色彩之间的对比要弱一点；当服装的整体风格偏向活泼时，色彩之间的对比要强一点。

（2）实用性。

服装可以分为生活装、舞台装、制服等。不同的服装对色彩的要求也是不一样的。服装不仅要具有艺术性，还要具有实用性。例如，演员舞台装的色彩要满足节目内容的需要，医护人员的服装一般使用白色或淡蓝色等。

（3）审美性。

服装设计必须贴合消费者的年龄、性别、气质、形体，所以不仅要注意流行色彩的应用，还要根据消费者的审美特点进行设计。

（4）色彩与材料的搭配。

通过前面的色彩基础知识了解到人的联想使色彩具有了情感效应。因此，在服装设计中，将色彩的情感效应与材料的特性结合起来就会使服装变得更加丰富。

2.5.2　服装的配色与调和

（1）同类色的配色。

同类色的配色是指同一个色系的明暗、深浅及其明度对比关系的配色，具体表现为整体的色彩是暗的还是亮的，是明度对比强烈的还是明度对比柔和的。

若将配色的关系比喻成人际间的交往，则可理解为兴趣相投的人沟通起来就比较容易，彼此也相处得非常和谐。因此，同类色的配色，在所有配色技巧中是最简单的。不管是两色还是多色的搭配，它永远都是安稳、安全、恰当的安排，因此也就不存在调和与不调和的问题，配色的成功率非常高。所以，凡是同类色的配色，都可以放心大胆地使用。当然，搭配的方式不同，产生的感觉差异也会不同，如色阶差距小，会有温和的调和感，但也可能因气氛太平淡而缺乏活力；色阶差距大的配色则更具有活泼感，如图2-127所示。

（2）类似色的配色与调和。

在色相环中，相邻近的色彩都是彼此的类似色。它们之间都拥有一部分相同的色素，因此在配色上也属于较容易调和的配色。

类似色的搭配，主要是靠色彩之间共有的色素来产生调和作用的，如黄色与黄橙色的共同色素是黄色，而蓝绿色、蓝色、蓝紫色的共同色素是蓝色。通常在类似色的搭配中，主色与副色较不明显，明度的考虑也很少，比较注重在各类

图 2-127

似色之间维持一定的纯度，发挥鲜明色彩的调和作用。对于服装配色而言，色彩面积大的为主色，色彩面积小的为副色。

由于类似色的纯度高，色阶明快、清楚，因此搭配效果较为生动、活泼、年轻、有朝气。但如果将相差较远的类似色进行搭配，由于共有色素很少，有时也会形成轻浮、不协调的感觉，此时色彩所占面积的比例就成为必须考虑的因素了，如图 2-128 所示。

（3）对比色的配色与调和。

在配色法中，对比的情形有许多种。

冷暖对比，如红色与蓝色、橙色与绿色等，凡是属于暖色系的任何一色与属于冷色系的任何一色进行搭配都是冷暖配色。

明度对比，如暗红色与淡红色、暗绿色与淡绿色，或黑色与白色等色彩的搭配都是明度对比配色。

纯度对比，如鲜橙色与灰蓝色、鲜蓝色与灰绿色，或鲜红色与红色等纯度高的色彩与纯度低的色彩进行搭配都是纯度对比配色。

在色相环中，凡是处于指定色所在直径上的对立色彩，以及这个对立色彩左右两边的邻近色，都称为这个指定色的对比色。两种对比色产生的视觉冲突很大，尤其是直径两端的"色对"更是难以排列在一起。若要使它们的搭配更柔和，有如下方法。

① 改用偏左或偏右的色彩搭配，避免色对的直接冲突。

② 避免采用强度、面积相同的搭配方式，可采用明度一高一低、纯度一强一弱的方式，或在面积上使用一大一小的搭配，也就是让它们形成明显的主宾关系。

对比色是美感度很高的配色，其色调变化多端，给人明朗、活跃的感觉，但若搭配不协调，颜色间会相互排斥，产生格格不入的感觉，如图 2-129 所示。

图 2-128

图 2-129

（4）多色的配色与调和。

在多色调和的方法中，通常要以其中一种色彩作为主色，将其他色彩作为副色，且副色最好是主色的类似色，通过变换副色的明度或纯度来达到多色变化的调和效果。

此外，在多色调和的情形中也有多色处于均势的时候，即常见的三色调和、四色调和、六色调和等。

若能实现多色搭配的调和，则整体效果为色彩丰富、色调优美充实。一般生活中的物品与服装配色也有采用多色搭配的例子；但是多色搭配如果缺乏秩序，就会产生轻浮不实、力量分散、视觉紊乱的现象，所以在应用时应仔细斟酌，如图 2-130 所示。

（5）无彩色与有彩色的配色。

色彩分为两大类，即无彩色与有彩色。无彩色包括黑色、灰色、白色等，而有彩色则包括红、橙、黄、绿、青、紫等各种纯色系，以及由它们衍生出的各种色彩。

无彩色没有强烈的个性，因此与任何色彩搭配都容易得到调和的效果。在服装配色上，一般常以无彩色为主色或底色，也就是大面积采用无彩色，小面积采用有彩色，这样会显得更明亮鲜艳。

由于无彩色属于中性色彩，具有不偏向任何色彩的特性，因此也常被用作缓冲色，以分割色彩或冲淡色彩之间的对比。在服装配色上常可看到，当上衣与裙子的色彩是对立色时，往往用一个宽形黑色、白色或灰色的腰带来区隔开两种色彩，以此缓和两色对立的生硬感。无彩色常在配色中扮演协调者的角色，在色彩调和方面具有不可忽视的作用。

无彩色与无彩色的搭配是永无禁忌、永远美丽的组合，常见的黑白条纹、格子，黑、白、灰的交互搭配，都呈现出一种明显、清晰、自成一派的风格。这种搭配不受任何色彩情感因素的影响，是许多人钟爱的搭配，如图 2-131 所示。

图 2-130

图 2-131

（6）配色与面积的关系。

从色彩心理方面分析，即使是同样的配色，色彩的面积不同也会给人带来不同的感受。一般情形下，面积的变化对色相不产生影响，但明度和纯度将会因面积变大而增强或因面积变小而减弱。但这纯粹是心理作用，实际上明度与纯度并无变化。

另外，当面积没有变化而形状产生变化时，色彩给人的感觉也会随形状的变化而变化。如果在配色时能够注意到这点，将形状和色彩做适当调配，配色效果会更好，如图 2-132 和图 2-133 所示。

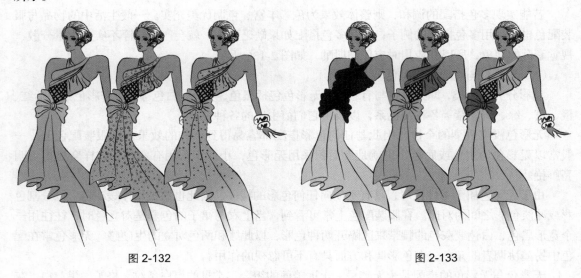

图 2-132　　　　　　　　　　　　　　　　　　　　　　图 2-133

2.5.3　服装画的配色原理

　　配色虽然会受地理环境、个人喜好，甚至是生活习性等的影响，但服装配色的最终目标都是发挥色彩的美感。下面介绍几种通用的配色原则。

　　（1）统调配色。

　　将复杂色彩中共有的色素提出，加强共有色素的特质，使它们产生一体的感觉，这种方法叫作统调配色。

　　在多色搭配时，采用统调配色是最稳妥的方法。在服装配色上常见的统调配色情形是在花色复杂的印花布中，取其中一色作为领子、滚边、口袋或腰带的用色，或者为衣服、饰品、鞋子、袜子、围巾、手提包等采用统调配色。统调配色使得所有色彩在变化中有共同的规律，不至于产生强烈的冲突，如图 2-134 所示。

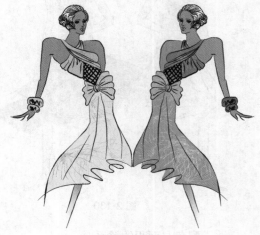

　　（2）均衡配色。

　　有的色彩即使很少使用，也能给人留下深刻的印象，有的色彩则要大量使用才能显眼。配色时，不管色彩是否具有存在感，要是搭配不协调，色彩都会失去各自的风格。

图 2-134

　　色彩有冷暖、强弱、轻重之分，将两种以上的色彩放置在一起时，由于质与量的不等，配色时必须依照色彩的特质加以调整，也就是说，搭配时强色的分量要少，弱色的分量要多，这样才能实现平衡。

配色能够实现均衡的原则如下。

① 高纯度的色彩、纯色或暖色在面积比例上要比低纯度的色彩、浅色或冷色的小。

② 明度高的色彩具有轻感，明度低的色彩具有重量感，故高明度宜在上而低明度宜在下，这样才有均衡感，如白衣黑裙的搭配。

③ 其他，如左右或前后的对称均衡容易显得呆板。若采用不对称的均衡，则具有活泼与变化的感觉，但需要具备更出色的配色技巧，如图 2-135 所示。

（3）韵律配色。

配色时，色调由浅至深或由深至浅，色彩的面积由大到小或由小到大，形成渐层的视觉效果，就可称为韵律配色。

色彩的律动就像音乐的音阶一般具有节奏感，给人以连贯、舒适的感觉。如果配色不当，则会给人留下杂乱、无秩序的印象。

配色时能够形成韵律配色的方法如下。

① 色相韵律配色：依照色相环上的红色、橙色、黄色、绿色等顺序排列，很有秩序感。

② 明度韵律配色：产生由明到暗或由暗到明的色彩变化。

③ 纯度韵律配色：纯度由高至低排列，或由低至高排列。

④ 面积韵律配色：色彩面积由大到小或由小到大，如图 2-136 所示。

图 2-135　　　　　　　　　　　　　　　　　　图 2-136

（4）强调配色。

配色时为了调节服装的视觉效果，弥补整体的单调感，在某一部分使用醒目的色彩，使整体看来更加紧凑，这种方式称为强调配色。

强调色用在服装上起强调作用，如单色洋装或套装上的胸针、特殊的腰带或腰带扣，或者领子、袖子、口袋等的配色。

使用强调色时，要遵循下列原则。

① 强调色必须比衣服上的各种主色与副色更鲜艳。

② 强调色的面积不宜太大，以免喧宾夺主。

③ 强调色可选用与整体色调具有对比性的色彩，如图 2-137 所示。

（5）分离配色。

分离配色大部分是利用特殊色彩，如黑、白、灰、金、银等起缓冲作用。如果色彩不调和，用分离色来补救就可以得到非常理想的结果。分离色可以展现为直线，也可以展现为曲线，并且线的粗细可以随意变化。

分离配色除了可以用来分隔对立的色彩外，有时对被分隔后的面和形态也会产生意想不到的效果。日常服饰中的腰带、围巾、领带，以及衣服的花边、滚边等都属于分离配色的形式，如图 2-138 所示。

图 2-137　　　　　　　　　　　　　　　　　　　图 2-138

（6）支配性配色。

可以改变全局，并且具有支配性的色彩或色调间的配色，称为支配性配色，支配性配色又称为主导色彩配色，是由一种色相构成的统一性配色，如以淡粉色调或浅灰色调为支配性色调，用于表现春天的柔和（支配性色调，就是从各种复杂要素的共通性中，寻求表达同一感受的有效方法）。

烹调时，也常会有类似现象发生。不同的佐料或调味料往往可以调出不同的味道，即佐料与调味料左右了烹调的结果，这种现象称为味觉的支配性。

（7）模仿配色。

在日常生活中，适当模仿别人可以提升自己的能力；在服装配色中，学会模仿也能增强效果。

自然界中有很多东西可以作为配色时的参考，尤其是自然物的颜色。从形状、面积、空间上的距离，以及色彩的分配等各方面去观察，均能激发我们的配色灵感；另外，别人的服装配色技巧与方式也是可参考的资源。因此，在学习服装设计时，可以多收集相关资料，平常多接触一些好的配色范例，这样，在实际应用时才能得心应手。

总而言之，配色的技巧与方式有很多种，设计师除了要针对服装来选择最佳的配色方式外，若能对上述配色原则与方法加以理解并灵活运用，就能快速提升自己的设计能力。

2.6 服装色彩搭配技巧

本节以具有代表性的色彩为例，介绍服装色彩的搭配技巧，如图 2-139 所示。

图 2-139

（1）红色。

红色是鲜艳而醒目的颜色，应用范围广泛，既可用于华丽的服装，也可用于休闲的运动服。红色搭配黑色适用于大多数场合，搭配白色显得清新活泼，搭配黄色或紫色代表热情，如图 2-140 所示。

图 2-140

（2）橙色。

橙色能够表现大胆的感觉，作为点缀色也能提升效果。和红色相比，橙色较难配色。要表现时尚感，搭配黑色最适合；要表现健康活泼感，可搭配白色。橙色还可搭配紫色、绿色，但适当地加上黑色效果会更好，如图 2-141 所示。

图 2-141

（3）黄色。

黄色是高纯度色彩，搭配黑色、白色和灰色，时尚而不失庄重，搭配蓝色，能表现出清爽的感觉，搭配红色则显得热情，如图 2-142 所示。

图 2-142

（4）绿色。

绿色搭配白色显得清爽、健康，搭配黑色则表现出神秘的感觉，而搭配灰色则较冷峻，可以用暖色系来弥补，如图 2-143 所示。

图 2-143

（5）青色。

青色搭配白色，整体看起来十分亮丽，搭配黑色则显得较耀眼，搭配黄色富有夏天的气息，如图 2-144 所示。

图 2-144

（6）黑白灰。

黑白灰是相当普遍的颜色，这类颜色实用性强，是服装中不可缺少的。白色和黑色能和大多数颜色搭配，但需注意色调，如图 2-145 所示。

图 2-145

（7）粉红色。

粉红色柔和甜美，既能展现浪漫的少女情怀，也能展现成熟女性的风韵。黑、白、灰能使粉红色更生动，如图 2-146 所示。

图 2-146

（8）浅黄色。

　　黄色能给人留下活泼开朗的印象，明亮的黄色系更容易搭配，尤其是浅黄色，因为明度对比清晰，所以容易使整体看起来更清爽。浅黄色和蓝色系很好搭配。另外，浅黄色搭配白色，可以衬托甜美可人的气质，如图 2-147 所示。

图 2-147

（9）天蓝色。

　　天蓝色柔和而富有早春气息，能够令人感觉到生命的跳动感。天蓝色搭配白色可以表现少年感，搭配少量的黑色可以表现典雅感，如图 2-148 所示。

图 2-148

（10）葡萄色。

葡萄色是适合表现秋天的颜色，代表古典与优雅。葡萄色所能搭配的颜色有限，但搭配黑色可以表现出低调却不失大气的感觉，如图 2-149 所示。

图 2-149

（11）深褐色。

深褐色属于中间色。深褐色可搭配黑、白、灰 3 色，搭配其他颜色也较协调，如图 2-150 所示。

图 2-150

（12）墨绿色。

墨绿色能够把秋天表现得淋漓尽致。墨绿色搭配黑、白、灰能够使这 3 色更鲜明，搭配深色时会显得典雅，也可搭配肤色、茶褐色与红褐色等，如图 2-151 所示。

图 2-151

（13）深蓝色。

深蓝色的明度不同，给人留下的印象也不同，但配色原则不变。深蓝色属于蓝色系，所以适合搭配白色。深蓝色和灰色搭配比较经典。另外，应尽量避免将其与黑色搭配。深蓝色与肤色搭配效果最佳，如图 2-152 所示。

图 2-152

（14）肤色。

肤色的种类繁多，但其性质几乎一样。肤色可作为一年四季服装的配色，准备一件这类颜色的裙子或外套，便能搭配出各种效果，如图 2-153 所示。

图 2-153

（15）卡其色。

卡其色适合表现轻松的感觉，其搭配效果如图 2-154 所示。

图 2-154

（16）橄榄绿色。

橄榄绿色能搭配多种颜色，其可以表现季节感，用在秋天的服装上会有成熟稳重的感觉，如图 2-155 所示。

图 2-155

第 3 章
服装图案设计

 ## 3.1　图案概述

一、图案的概念

图案分为广义图案与狭义图案两种图案，广义的图案是指工艺美术领域（实用美术、装饰美术、建筑美术、工业美术等通称为工艺美术）中关于形式（造型）、色彩、结构及工艺处理的预先设计，在工艺材料、用途、经济、美观条件、生产条件制约下所制成的图样、装饰纹样等。狭义的图案是指工艺品及某些器物上的具体的装饰性纹样，如染织纹样（绸布上的花样、服饰上的纹样及装饰图案等）、陶瓷纹样，玻璃器皿、家具上的装饰纹样，建筑物上的雕刻纹样等。

二、图案的分类方法

图案的分类方法大致有以下 6 类。

① 从工艺美术应用设计方面来看，可分为基础图案、服饰图案、装潢图案。

② 从教学上来看，可分为基础图案和工艺性图案。

③ 从艺术的层次来看，可分为专业设计图案和民间图案。

④ 从历史的沿革关系来看，可分为古代图案和现代图案。

⑤ 从图案的构成来看，可分为单独图案、二方连续图案、四方连续图案、混合图案。

⑥ 从图案的工序特点来看，可分为基础图案和专业图案。

 ## 3.2　图案的形式美法则

无论是视觉焦点的突出还是虚实空间的制造，都离不开一个法则，即形式美法则。它是经过几代艺术家的发现与挖掘，逐步总结出来的规律，适用于建筑、绘画等，也适用于图案。从设计图案的角度出发，形式美法则共有 5 种，分别是对称与均衡、对比与调和、条理与反复、节奏与韵律、比例与尺度。下面分别进行介绍。

3.2.1 对称与均衡

一、对称与均衡概述

对称与均衡是构成图案的基本平衡形式。它不仅是图案实现重心平稳的结构形式，也是体现形态动静关系的重要法则。

（1）对称。对称一般解释为左右相称，主要是指相对的两个或两个以上的图案，在形、色、量等方面的相称，包括外表的匀称和一致性，也包括内容上的联系，如图 3-1 所示。图案对称的表现形式有很多种，如镜面对称、三面对称、多面对称、回转对称、反射扩大对称等。对称是服装造型中最常用的，也是最普遍的一种形式，在我国传统服饰的造型中尤为明显。对称具有严肃、大方、稳定、理性的特征，在服装款式的设计中，一般采用左右对称和局部对称的形式。

图 3-1

（2）均衡。均衡是指以假定中心轴线配置不同形、同量、同色，不同形、不同量、不同色，不同形、同量、不同色，不同形、不同量、同色的图案。均衡可分为视觉重心均衡、色彩感觉均衡、形式对比均衡。根据中心支点或图案结构的分布，均衡的形式是千变万化的，如图 3-2 和图 3-3 所示。

图 3-2

图 3-3

对称与均衡分别体现了理性和平衡原则。对称给人以稳定的视觉感觉，均衡给人以活泼的视觉感觉。

二、绘制对称与均衡图案

利用 CorelDRAW 2021 绘制对称与均衡图案共分为两个步骤，分别是绘制几何图形和复制图形。

1. 绘制几何图形。

（1）单击矩形工具 □，绘制一个矩形，并在属性栏中设置其宽为 38mm、高为 70mm。

（2）单击选择工具 ▶，选中刚才绘制好的矩形，在属性栏中单击 ↺ 图标，将矩形的外轮廓线转换为曲线。在属性栏的【线条样式】下拉列表框中选择虚线，设置【轮廓宽度】为 "0.2 pt"，效果如图 3-4 所示。

（3）单击贝塞尔工具 ✐，在矩形框内绘制出图 3-5 所示的 7 个几何形状（注意：在绘制的时候要将起点和终点完全重合）。

（4）单击选择工具 ▶，按住 Shift 键，依次选中编号为 1 和 6 的两个几何形状，在调色板中用鼠标右键单击 ╱，选择【设置轮廓颜色】命令，为两个几何形状去掉黑色轮廓线；双击状态栏中的编辑填充图标 ◈，在弹出的对话框中单击均匀填充图标 ■，设置颜色为 "C:40 M:40 Y:0 K:0"，单击【OK】按钮关闭对话框；单击选择工具 ▶，选中编号为 2 的几何形状，按照上述方式，为几何形状去掉黑色轮廓线，并设置填充颜色为 "C:20 M:80 Y:0 K:20"；再选中编号为 3 的几何形状，去掉黑色轮廓线，并设置填充颜色为 "C:0 M:40 Y:0 K:20"；然后选中编号为 4 和 7 的几何形状，去掉黑色轮廓线，并设置填充颜色为 "C:60 M:80 Y:0 K:0"；最后选中编号为 5 的几何形状，去掉黑色轮廓线，并设置填充颜色为 "C:0 M:40 Y:0 K:0"。效果如图 3-6 所示。

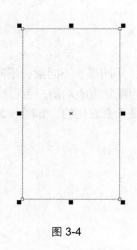
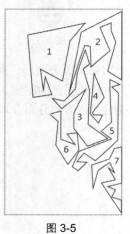
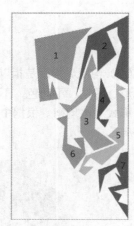

图 3-4   图 3-5   图 3-6

（5）单击形状工具 ⟜，选择一个几何形状，在两个节点间的线段上单击鼠标右键，选择【到曲线】命令，再拖曳线段以使其变得圆滑（注意：在节点上双击可以删除节点，在需要增加节点的地方双击可以增加新的节点），对所有的几何形状都进行调整，最终效果如图 3-7 所示。

（6）单击椭圆形工具 ○，按住 Ctrl 键，在编号为 3 的几何形状左侧绘制 3 个圆形，为其填充与编号为 2 的几何形状一样的颜色，效果如图 3-8 所示。

（7）单击选择工具 ▶，选择虚线矩形，按 Delete 键将其删除。

2. 复制图形。

双击选择工具 ▶，将几何图形全部选中，单击属性栏中的组合对象图标 ▣，将几何形状打组，按小键盘上的 + 键，对几何形状进行复制，最后单击属性栏中的水平镜像图标 ▥；选择复制好的图形，按住 Ctrl 键水平向右移动，使原图形和复制好的图形完全对称，效果如图 3-9 所示。

图 3-7   图 3-8   图 3-9

3.2.2 对比与调和

一、对比与调和概述

（1）对比。对比指由图案中相异、相悖的因素组合而产生差异的现象，是变化的一种形式。形的对比有大与小、方与圆、曲与直、长与短、粗与细、凹与凸等，质的对比有细腻与粗糙、透明与不透明等，感觉的对比有动与静、刚与柔、活泼与严肃等。在图案创作中，可以利用对比力度的可控性加强或减弱矛盾双方的对立强度，充分表现图案的特征。

（2）调和。调和指图案统一的体现，强调形态及其要素的统一性和类似性。调和也可以简单地理解为"统一"或"类似"，如纹样由圆形或类似圆形的形状组成，形状的大小一样或类似，色彩相同或相近。以此类推，组织排列方式、制作技法的统一和类似也是调和。调和就是统一，可以获得安宁、严肃、少变化的装饰效果。从大的方面理解，调和就是舒适、安定、完整等。

对比与调和是装饰图案中各种构成因素差异性和统一性的恰当组合，是使图案获得不同艺术效果的法则和艺术手段，如图 3-10 和图 3-11 所示。

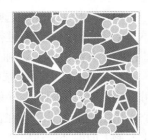

图 3-10   图 3-11

二、绘制对比与调和图案

利用 CorelDRAW 2021 绘制对比与调和图案共分为两个步骤，分别是绘制几何形状和绘制

85

图案。

1. 绘制基本形状。

（1）单击矩形工具□，按住 Ctrl 键绘制一个正方形，并在属性栏中设置其宽为 80mm、高为 80mm。

（2）单击贝塞尔工具✐，在正方形框内绘制一些封闭的几何形状作为底纹，如图 3-12 所示（注意：每两个节点之间的线段必须是直线）。

（3）单击选择工具▶，按住 Shift 键，选择除正方形框以外的所有几何形状，单击属性栏中的组合对象图标⬚，将几何形状打组。在调色板中用鼠标右键单击✎，选择【设置轮廓颜色】命令，为几何形状去掉黑色外轮廓线，双击状态栏中的编辑填充图标◈，在弹出的对话框中单击均匀填充图标■，设置颜色为"C:20 M:80 Y:0 K:20"，效果如图 3-13 所示，单击【OK】按钮关闭对话框。

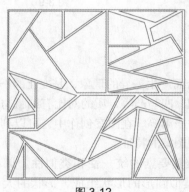

图 3-12

图 3-13

2. 绘制图案。

（1）单击椭圆形工具○，按住 Ctrl 键绘制一个圆形，并在属性栏中设置其宽为 5mm、高为 5mm。

（2）单击选择工具▶，选择圆形，设置填充颜色为"C:0 M:15 Y:30 K:0"，将轮廓线颜色设置为白色，并在属性栏中将【轮廓宽度】改为"0.5 pt"。

（3）单击选择工具▶，选择圆形，按住鼠标左键将其拖曳到适当的位置，在释放鼠标左键的同时单击鼠标右键，对圆形进行复制，可以拖曳选区 4 个角中的任意一个角，放大或缩小复制的圆形。按照此方法，不断复制圆形并组合出自己认为满意的图案，如图 3-14 所示。

（4）双击选择工具▶，选中所有图形，再按住 Shift 键，选择紫色底纹和黑色正方形边框，这样可以选择所有的圆形，并单击属性栏中的组合对象图标⬚，将所有圆形图案打组。

（5）单击矩形工具□，在正方形的上方绘制一个宽于正方形的长方形，使长方形下面的那条边同正方形上面的那条边完全重合，如图 3-15 所示。

（6）单击选择工具▶，打开【形状】面板并选择【修剪】选项；选择长方形，单击【修剪】按钮，接着选择已经打组的圆形图案，对正方形外的部分进行修剪。按照上述方法，将 4 个边上多余的部分全部修剪掉，效果如图 3-16 所示。

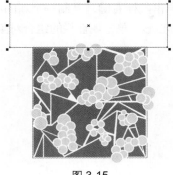

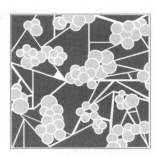

图 3-14　　　　　　　　　　　图 3-15　　　　　　　　　　　图 3-16

3.2.3　条理与反复

一、条理与反复概述

条理与反复是图案结构的基本组织方法之一，如图 3-17 所示。

图 3-17

（1）条理。条理是指图案变化和组织中显示出来的规律性的美或规律化的因素，也称为"秩序感"。装饰图案是较为典型的秩序性艺术，人所体验到的美与人对秩序的感受通常是联系在一起的，任何有机变化的过程都是秩序性的。

（2）反复。反复是组织图案的一种方法。它使单位纹样和元素在连续的重复排列中呈现出一种有规律的变化，在组织元素的动静之间体现出既有条理性又有跳跃性的节奏，它使图案的造型在组织结构上具有独特的重复效果。

二、绘制条理与反复图案

利用 CorelDRAW 2021 绘制条理与反复图案的步骤如下。

（1）单击矩形工具□，绘制一个矩形，并在属性栏中设置其宽为 80mm、高为 50mm。

（2）单击常见的形状工具，在属性栏的【常用形状】下拉菜单中选择心形工具♡，在矩形框内的左上角处绘制一个心形，在属性栏中设置其宽为 3mm、高为 3mm，并设置均匀填充颜色为"C:100 M:10 Y:10 K:0"，设置轮廓线为无色，效果如图 3-18 所示。

（3）单击选择工具，选择蓝色的心形，按住 Ctrl 键，按住鼠标左键将其垂直向下拖曳到合适位置，在释放鼠标左键的同时单击鼠标右键，复制一个新的心形，然后按 Ctrl + D 组合键 15 下，再制 15 个心形。选择所有的心形，单击属性栏的组合对象图标，将所有蓝色心形打组，效果如图 3-19 所示。

图 3-18

图 3-19

（4）单击矩形工具，在蓝色的心形右侧绘制一个矩形，并在属性栏中设置其宽为 0.3mm、高为 50mm，将矩形填充为洋红色 "C: 0 M:100 Y:0 K:0"，并在调色板中的 上单击鼠标右键，选择【设置轮廓颜色】命令，去掉外轮廓线。按住 Shift 键，单击红色矩形，再单击矩形框，选择【对象】→【对齐与分布】→【顶端对齐】命令，效果如图 3-20 所示。

（5）按照步骤（2）和步骤（3）中的方法，在红色矩形右侧绘制 3 组新的心形，并选择均匀填充方式，从左到右依次填充酒绿色 "C:40 M:0 Y:100 K:0"、绿松石色 "C:60 M:0 Y:20 K:0"、蓝紫色 "C:40 M:100 Y:0 K:0"；在调色板中的 上单击鼠标右键，选择【设置轮廓颜色】命令，去掉外轮廓线，如图 3-21 所示。

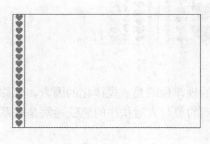

图 3-20

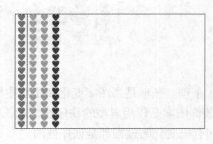

图 3-21

（6）按照步骤（4）中的方法，在蓝紫色心形右侧绘制一个矩形，设置填充颜色为 "C:100 M:0 Y:0 K:0"，效果如图 3-22 所示。

（7）按照步骤（2）和步骤（3）中的方法，在蓝色矩形右侧绘制 7 组新的心形，将它们调整为合适的大小，并选择均匀填充方式，从左到右依次填充为酒绿色 "C:40 M:0 Y:100 K:0"、洋红色 "C:0 M:100 Y:0 K:0"、高贵紫色 "C:80 M:100 Y:30 K:0"、酒绿色 "C:40 M:0 Y:100 K:0"、碧绿色 "C:100 M:10 Y:10 K:0"、紫红色 "C:10 M:100 Y:0 K:0"、酒绿色 "C:40 M:0 Y:100 K:0"；在调色板中的 上单击鼠标右键，选择【设置轮廓颜色】命令，去掉外轮廓线，效果如图 3-23 所示。

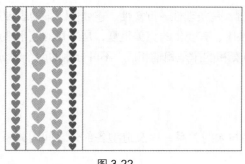

图 3-22

图 3-23

（8）按照步骤（4）中的方法，在心形右侧绘制一个矩形，设置填充颜色为"C:100 M:0 Y:0 K:0"，效果如图 3-24 所示。

（9）按照步骤（2）和步骤（3）中的方法，在蓝色矩形右侧绘制 4 组新的心形，将它们调整为合适的大小，并从左到右依次填充为洋红色"C:0 M:100 Y:0 K:0"、蓝紫色"C:40 M:100 Y:0 K:0"、青色"C:100 M:0 Y:0 K:0"、酒绿色"C:40 M:0 Y:100 K:0"；在调色板中的 ⊠ 上单击鼠标右键，选择【设置轮廓颜色】命令，去掉外轮廓线，效果如图 3-25 所示。

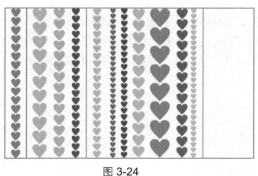

图 3-24

图 3-25

3.2.4 节奏与韵律

节奏与韵律形成了图案中的动态美。

（1）节奏。节奏是指有秩序、有规律的变化和反复。节奏分为重复节奏和渐变节奏，重复节奏的变化周期和各个重复元素都是等距排列的，没有空间距离和形态上的变化，处于单一的反复状态；渐变节奏则离不开周期和形态的反复，但在每个周期和单位元素中，元素的形态渐渐发生变化，使周期和单位元素之间的分界变模糊，有秩序、有规律地拉长了变化的周期，形成平滑流畅的运动形式。它变化的秩序和方向是多元化的，变化是按一定的数理关系有秩序进行的。

（2）韵律。韵律是指节奏运动性的变化。它与节奏一样，有内在秩序性，但变化的周期长短和变化元素的自由度和多样性是节奏所不能包含的。韵律的规律往往隐藏在内部，呈现出渐进、重复、回旋、流动、疏密、方向等复杂的特征。

节奏与韵律有密切的内在联系。节奏是韵律的基础，是条理性、重复性、连续性图案的表现形式。韵律是在节奏基础上的个性表现，同样是一种有秩序、有变化的完美重复，是节奏的艺术性深化。没有节奏就没有韵律，韵律又包含节奏的因素，节奏和韵律是相辅相成、不可分割的两个部分。

3.2.5 比例与尺度

一、比例与尺度概述

图案设计是为人服务的，所以必须研究产品造型与人的关系，以及造型各部分之间的关系。设计上把这个过程遵循的法则叫作比例与尺度法则。

物体的尺度大小要适合人的使用。

比例是物体整体与局部之间所形成的关系，它反映了世界上一切事物在结构上的关系。比例也是图案构成中的重要因素，主要是图案对象自身的比例，因为美感是建立在各个部分之间的比例关系上的。

比例与尺度既是人为约定的，又是客观存在的。在装饰图案中，离开了比例与尺度，就意味着失去了形状比例的参照。因此，比例与尺度这个人为的数量关系不仅是形体的定量行为，也是美感特征数据化、理性化的集中反映。它将感知因素转化为理性认识，作为美感的衡量因素来衡量美。

不同的时期、不同的地域、不同的民族和不同的文化对形式美的比例与尺度有不同的标准，如"黄金比""人体尺度比""等比分割比"等，还有很多世人公认的比例与尺度，如"米字格分割比""太极分割比""九宫格分割比"等，图 3-26 所示为"九宫格分割比"。在装饰图案时应该对比例与尺度灵活运用。

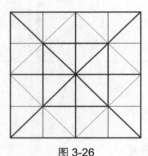

图 3-26

二、绘制九宫格

利用 CorelDRAW 2021 绘制九宫格共分为两个步骤，分别是绘制方格和加工线条。

1. 绘制方格。

（1）单击图纸工具，在属性栏中设置图纸的行数和列数都为"4"，如图 3-27 所示，在页面中心绘制一个 4×4 的方格。

图 3-27

（2）单击选择工具，选择绘制好的方格，在属性栏中将方格改为 80mm×80mm，如图 3-28 所示。

（3）单击贝塞尔工具，按住 Ctrl 键，在方格上面那条边的中心点上单击，将其作为所要绘制的菱形的起点，继续按住 Ctrl 键，在方格左面那条边的中心点上单击，将其作为菱形的第 2 个点，在方格下面那条边的中心点上单击，将其作为菱形的第 3 个点，在方格右面那条边的中心点上单击，将其作为菱形的第 4 个点，再单击起点，使 4 个节点形成一个封闭的菱形，如图 3-29 所示。

图 3-28　　　　　　　　　　　　　图 3-29

2. 加工线条。

（1）单击矩形工具 ▢，按住 Ctrl 键绘制一个 80mm×80mm 的正方形，在属性栏中将【轮廓宽度】改为"0.75 pt"，并将正方形移至与方格完全重合，如图 3-30 所示。

注意：因为无法对表格外框单独进行加粗操作，所以直接绘制一个正方形覆盖在表格外框上，以体现加粗效果。

（2）单击贝塞尔工具 ✎，按住 Ctrl 键，在方格上绘制两条对角线，并在属性栏中将【轮廓宽度】改为"0.75 pt"，效果如图 3-31 所示。

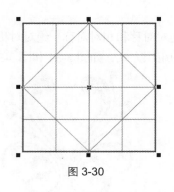
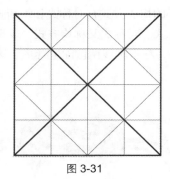

图 3-30　　　　　　　　　　　　　图 3-31

（3）单击贝塞尔工具 ✎，按住 Ctrl 键，以菱形最左边的点为起点，以菱形最右边的点为终点，绘制一条直线，并在属性栏中将【轮廓宽度】改为"0.75 pt"；再以菱形最上边的点为起点，以菱形最下边的点为终点，绘制一条直线，并在属性栏中将【轮廓宽度】改为"0.75 pt"，效果如图 3-32 所示。

（4）单击矩形工具 ▢，按住 Ctrl 键绘制一个 40mm×40mm 的正方形，在属性栏中将【轮廓宽度】改为"0.75 pt"。

（5）单击选择工具 ▶，按住 Shift 键，依次选择步骤（1）中绘制好的 80mm×80mm 的正方形和步骤（4）中绘制好的正方形，选择【对象】→【对齐与分布】→【水平居中对齐】命令，再选择【对象】→【对齐与分布】→【垂直居中对齐】命令，使两个正方形居中对齐，效果如图 3-33 所示。

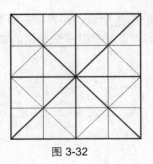

图 3-32

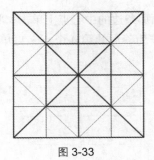

图 3-33

 ## 3.3　图案结构

图案结构不仅要受制作工艺和装饰要求的制约，还要尽可能趋于完美。图案结构可以分为单独纹样、适合纹样、连续纹样等形式。

3.3.1　单独纹样

一、单独纹样概述

单独纹样是指与四周无联系，独立、完整的纹样。它是组织图案的基本单位，是组成适合纹样、二方连续纹样、四方连续纹样的基础。

单独纹样的构成方式有对称式和均衡式两种。

（1）对称式。对称式又称均齐式，表现形式分为绝对对称和相对对称。绝对对称是以一条直线为对称中心，在中轴线两侧配置等形、等量的纹样的组织方式，如图 3-34 和图 3-35 所示。

图 3-34

图 3-35

（2）均衡式。均衡式单独纹样是以中轴线或中心点为中心，采取等量而不等形的纹样组织方法，上下左右的纹样组织不受任何制约，只要求空间与实体在分量上达到稳定与平衡，如图 3-36 所示。

二、绘制单独纹样

利用 CorelDRAW 2021 绘制单独纹样共分为两个步骤，分别是绘制几何图形和复制图形。

1. 绘制几何图形。

（1）单击矩形工具 □，绘制一个矩形，并在属性栏中设置其宽为 38mm、高为 70mm。

（2）单击选择工具 ▶，选中刚才绘制好的矩形，在属性栏中单击 ⟳ 图标，将矩形的外轮廓线转换为曲线。在属性栏的【线条样式】下拉列表框中选择虚线，设置【轮廓宽度】为 "0.2 pt"，效果如图 3-37 所示。

（3）单击贝塞尔工具 ✐，在矩形框内绘制出图 3-38 所示的几何图形（注意：在绘制的时候要将起点和终点完全重合）。

图 3-36　　　　　　　　　　图 3-37　　　　　　　　　　图 3-38

（4）单击选择工具 ▶，按住 Shift 键，依次选择几何图形，在调色板中的 ✐ 上单击鼠标右键，选择【设置轮廓颜色】命令，为几何图形去掉黑色外轮廓线，再双击状态栏中的编辑填充图标 ◈，在弹出的对话框中单击均匀填充图标 ■，设置颜色为 "C:0 M:100 Y:0 K:0"，效果如图 3-39 所示。

（5）单击形状工具 ▶，任意选择一个几何图形，在两个节点间的线段上单击鼠标右键，选择【到曲线】命令，再拖曳线段以使其变得圆滑（注意：在节点上双击可以删除节点，在需要增加节点的地方双击可以增加新的节点），对所有的几何图形都进行调整，最终效果如图 3-40 所示。

（6）单击选择工具 ▶，选择虚线矩形，按 Delete 键进行删除。

2. 复制图形。

双击选择工具 ▶，将几何图形全部选中，再单击属性栏中的组合对象图标 ⬚，将几何图形打组，然后按小键盘上的 +，对几何形体进行复制，最后单击属性栏中的水平镜像图标 ⬌。选择复制好的图形，按住 Ctrl 键，按住鼠标左键水平向右移动，使原图形和复制好的图形对称，效果如图 3-41 所示。

图 3-39　　　　　　　图 3-40　　　　　　　　图 3-41

3.3.2　适合纹样

一、适合纹样概述

适合纹样是具有一定外形限制的图案。将图案素材加工处理后，组织在一定的轮廓线内即可得到适合纹样，它很严谨，即使去掉外形，仍有外形轮廓的特点。因花纹组织结构具有适应性，所以称为适合纹样，其要求纹样的变化既有物象的特征，又要穿插自然，形成独特的装饰美。

适合纹样可分为形体适合纹样、角隅适合纹样、边缘适合纹样等。

（1）形体适合纹样。

形体适合纹样是最基本的一种纹样，它的外轮廓具有一定的形状，这种形状是根据被装饰的形状而定的。从纹样的外形特征看，分为几何形状和自然形状。其中，几何形状中有圆形、三角形、多边形、综合形等，综合形中包括桃形、扇形、梅花形等。无论是几何形状还是自然形状，它们基本上都和单独纹样一样，可以概括为对称式与均衡式两种。

● 对称式：对称式属于规则的格式，它的纹样通常采用上下对称或左右对称的等量分割形式，结构严谨，有庄重大方的特点，如图 3-42 和图 3-43 所示。

● 均衡式：均衡式是一种不规则的自由格式，依照力量的平衡法则，使纹样保持一定的平衡姿态，以取得灵活、优美的画面效果，如图 3-44 所示。

| 图 3-42 | 图 3-43 | 图 3-44 |

（2）角隅适合纹样。

角隅适合纹样是适合装饰在形体转角部位的纹样，所以又叫"角花"，角隅适合纹样一般都因客观对象的不同而不同。大于 90°或小于 90°的，如梯形和菱形等角隅适合纹样，可以单独使用。形体的每个角可以用相同的纹样，也可以用不同的纹样，如图 3-45 所示。

（3）边缘适合纹样。

边缘适合纹样是适用于形体周边的一种纹样。它一般用来衬托中心纹样或配合角隅纹样，但也可以作为一种独立的装饰纹样。边缘适合纹样和二方连续纹样不同，二方连续纹样可以无限延伸，而边缘适合纹样则会受到外形的限制。如果是圆形的边缘，一般采用二方连续的组织形式，如图 3-46 所示；如果是方形或其他形式，则应注意转角处的纹样要穿插自然。

| 图 3-45 | 图 3-46 |

二、绘制适合纹样

利用 CorelDRAW 2021 绘制适合纹样共分为 3 个步骤，分别是复制基本图形、绘制圆形适合纹样和绘制中心图案。

1. 复制基本图形。

（1）选择【文件】→【打开】命令，打开在 3.3.1 小节做好的"单独纹样"文件，如图 3-47 所示。

（2）单击选择工具 ，选中单独图形，按 Ctrl + C 组合键对其进行复制。

（3）选择【文件】→【新建】命令，新建一个页面，按 Ctrl + V 组合键，把刚才复制的单独图形粘贴到新的页面中。

（4）单击选择工具 ，选中单独图形，单击调色板中的黑色，将图形填充为黑色，如图 3-48 所示，再单击属性栏中的图标 ，使其处于锁定状态 ，将其等比例缩放至宽为 20mm 的图形。

图 3-47

图 3-48

2. 绘制圆形适合纹样。

（1）单击椭圆形工具 ，按住 Ctrl 键绘制两个直径分别为 64mm、24mm 的圆形。

（2）单击选择工具 ，按住 Shift 键将两个圆形选中，选择【对象】→【对齐与分布】→【水平居中对齐】命令，再选择【对象】→【对齐与分布】→【垂直居中对齐】命令，将两个圆形沿中心对齐，如图 3-49 所示。

（3）单击选择工具 ，按住 Shift 键，依次选中单独纹样图形和大圆形，选择【对象】→【对齐与分布】→【顶端对齐】命令，再选择【对象】→【对齐与分布】→【垂直居中对齐】命令，效果如图 3-50 所示。

图 3-49

图 3-50

（4）双击选择工具 ⬆️，按住 Shift 键，依次选中单独纹样图形和大圆形，打开【变换】面板，单击旋转图标 ⟳，将旋转角度设置为"45°"，将【副本】设置为"7"，并单击【应用】按钮，效果如图 3-51 所示。

（5）单击选择工具 ⬆️，选择大圆形，将属性栏中的【轮廓宽度】设置为"1.4 pt"，按住 Ctrl 键，按住鼠标左键向外拖曳选取框的任意一角到适当位置，释放鼠标左键的同时单击鼠标右键，复制一个新的大圆形。再选择小圆形，将【轮廓宽度】设置为"0.5 pt"，按照以上方法，复制一个小圆形，效果如图 3-52 所示。

图 3-51

图 3-52

3. 绘制中心图案。

（1）单击星形工具 ☆，将属性栏中的【点数或边数】设置为"8"，将【锐度】设置为"17"，绘制一个星形，在属性栏中设置其尺寸为 19mm×19mm，设置【轮廓宽度】为"0.5 pt"，效果如图 3-53 所示。

（2）单击选择工具 ⬆️，选择星形，按住 Ctrl 键，按住鼠标左键向内拖曳星形选取框 4 个角中的任意一角，在适当位置释放鼠标左键的同时单击鼠标右键，复制一个新的星形。用上述方法，复制 3 个星形，并将最中心的星形填充为黑色，如图 3-54 所示。

图 3-53

图 3-54

3.3.3 连续纹样

连续纹样是由一个或几个纹样作为最小单位，按照一定的规则反复排列构成的图案。连续纹样具有规律的节奏美和较强的装饰性。

连续纹样可以分为二方连续纹样和四方连续纹样两大类。

一、二方连续纹样

二方连续纹样是一种带状的纹样，因此又称"带纹"或"花边"。用一个或数个单独纹样向左或向右连续排列的，称横式二方连续；向上或向下连续排列的，称为纵式二方连续；斜向连续排列的，称为斜式二方连续。

二方连续纹样在装饰中是用途较广泛的一种图案组织形式，在日常生活中的很多方面都可以见到这种二方连续纹样，如图 3-55 所示。

图 3-55

二、绘制二方连续纹样

利用 CorelDRAW 2021 绘制二方连续纹样共分为两个步骤，分别是绘制基本图形和实现二方连续。

1. 绘制基本图形。

（1）单击矩形工具□，绘制一个矩形框，设置其尺寸为 190mm×20mm，并设置【轮廓宽度】为"0.25 pt"，再单击属性栏上的 ○ 图标，将矩形框转换为曲线。

（2）单击形状工具　，在矩形框左下角的节点上单击鼠标右键，选择【拆分】命令，再次单击拆分后的节点，按 Delete 键将线段删除。选择矩形框右下角的节点，重复以上步骤，完成后的效果如图 3-56 所示。

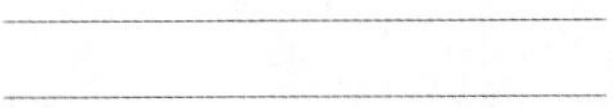

图 3-56

（3）选择【文件】→【打开】命令，打开在 3.3.1 小节绘制好的对称图形，如图 3-57 所示。选择图形，按 Ctrl + C 组合键对其进行复制，回到刚才的页面，按 Ctrl + V 组合键进行粘贴。

（4）单击选择工具　，选择图形，再双击状态栏中的编辑填充图标　，在弹出的对话框中单击均匀填充图标■，设置颜色为"C:40 M:20 Y:0 K:40"，效果如图 3-58 所示，单击属性栏中的组合对象图标　，并等比例缩放图形至其高度为 20mm。

图 3-57

图 3-58

2. 实现二方连续。

（1）单击选择工具 ↖，按住 Shift 键，选中图形和线框，选择【对象】→【对齐与分布】→【水平居中对齐】命令，再选择【对象】→【对齐与分布】→【左对齐】命令，将两者对齐，如图 3-59 所示。

图 3-59

（2）单击选择工具 ↖，选择单独纹样图案，按住 Ctrl 键，按住鼠标左键将其水平向右拖曳至和原图形一定距离处，在释放鼠标左键的同时单击鼠标右键，复制一个图形；再按 Ctrl + D 组合键，等距离复制一组图形，如图 3-60 所示。

图 3-60

（3）单击选择工具 ↖，选择线框，并将轮廓线颜色设置为荒原蓝"C:40 M:20 Y:0 K:40"。选择矩形工具 □，按住 Ctrl 键，按住鼠标左键向外拖曳矩形框 4 个角中的任意一角，在适当位置释放鼠标左键的同时单击鼠标右键，复制一个新的线框，设置【轮廓宽度】为"1 pt"，效果如图 3-61 所示。

图 3-61

三、四方连续纹样

四方连续纹样是将单位纹样分别向上、下、左、右延展得到的一种纹样，其特点是循环反复、连绵不断，因此又称网纹，如图 3-62 和图 3-63 所示。

图 3-62　　　　　　　　　　　　　图 3-63

　　四方连续纹样要求单位纹样之间彼此联系、相互呼应。它既要有生动多姿的单位纹样，又要有匀称、协调的布局；既要有反复连续的单位纹样，又要有主次层次；其中的纹样既要穿插连续，又要活泼自然。所以它有疏有密，有虚有实，有变化而不凌乱，统一而不呆板。总之，要注意单位纹样间的协调，还要注意几个单位纹样连成的大面积纹样的整体艺术效果。

　　四方连续纹样在染织图案中的应用最广，在其他工艺或材料，如塑料布、瓷砖、印刷底纹等方面也被广泛应用。

四、绘制四方连续纹样

　　利用 CorelDRAW 2021 绘制四方连续纹样共分为两个步骤，分别是复制基本图形和实现四方连续。

　　1. 复制基本图形。

　　（1）选择【文件】→【打开】命令，打开 3.2.1 小节绘制好的对称图形，选择图形，按 Ctrl + C 组合键对其进行复制，回到新建的页面，按 Ctrl + V 组合键进行粘贴，并单击属性栏中的组合对象图标。

　　（2）单击选择工具，选择图形，按小键盘上的 + ，复制一个新的图形，再单击属性栏中的垂直镜像图标，选择刚才镜像的图形，按住 Ctrl 键，按住鼠标左键将图形水平向右拖曳，如图 3-64 所示。单击属性栏中的组合对象图标，将两个图形打组。

图 3-64

　　2. 实现四方连续。

　　（1）单击选择工具，选择图形，按住 Ctrl 键，按住鼠标左键将其水平向右移动，释放鼠标左键的同时单击鼠标右键，对其进行复制；再按 Ctrl + D 组合键，等距离复制几个新的图形，如图 3-65 所示。

图 3-65

　　（2）双击选择工具，将图形全部选中，再按住 Ctrl 键，按住鼠标左键垂直向下移动图形到适当位置，释放鼠标左键的同时单击鼠标右键，复制图形；接着按 Ctrl + D 组合键 5 次，将图形再等距离复制 5 次，如图 3-66 所示。

　　（3）双击选择工具，将图形全部选中，单击属性栏中的组合对象图标，将图形打组。

　　（4）单击矩形工具，绘制一个矩形，设置其尺寸为 120mm×90mm，并单击调色板中的黑色，将矩形填充为黑色。

　　（5）单击选择工具，按住 Shift 键，依次选择黑色矩形和其他的全部图形，选择【对象】→【对齐与分布】→【水平居中对齐】命令，再选择【对象】→【对齐与分布】→【垂直居中对齐】命令，将它们对齐，效果如图 3-67 所示。

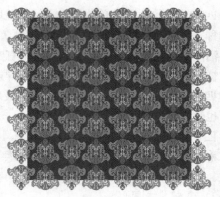

图 3-66 图 3-67

3.4 图案的变化形式

图案的基本形态分为具象形态和抽象形态。具象形态是以具象特征来表现实物的外貌及轮廓，人们能够通过实物的形态表征来感知它们；抽象形态是通过提取图形的相关因素来表现其内容的。

一、具象变化造型

从某个角度来看，图案的造型是将自然物象处理成图案形象，通过不同的变化手段把现实生活中的各种形象加工成适用于进行艺术表现的图案。

服装中常用的具象图案有以下 4 种。

（1）植物图案。

植物图案是以自然界中的植物形象为素材创作出来的图案，如花卉图案、蔬菜图案、树叶图案等。植物图案中花卉形态的变化最为灵活，可以写实，可以变形；可以用整枝，也可以只用花头，甚至可以只用花叶；可以作为单纯的装饰，也可以被赋予特定的含义。同时，花卉图案的适应性也非常强，它们的造型和结构可以在设计师的安排下，满足各种服装任何部位、任何工艺形式的需要。因此，花卉图案在服装（特别是女装）中运用广泛，如图 3-68 所示。

图 3-68

（2）动物图案。

动物图案是装饰图案中的重要素材。装饰图案中的动物图案不仅仅是自然形象的再现，它经过设计师的艺术加工，融入了设计师的感情，已成为高度概括又有寓意的艺术形象。

一般来说，装饰图案中的动物图案不像花卉图案那样丰富，大多只是用动物头部或全身的形象做装饰。但是，动物图案具有的动态特征和表情特征是花卉图案所没有的。将动物形象拟人化，刻画成有趣的、活泼的卡通形象，也是装饰图案中常常用到的形式。因此，用动物图案做装饰图案能够为服装增添更多的活力和情趣，如图 3-69 所示。

图 3-69

（3）龙凤图案。

龙凤图案是具象图案中比较特殊的一种图案，它们不是直接来源于客观世界，而是人们以客观世界为依据，综合多种物象，通过想象而创作出来的一种图案。

（4）人物图案。

一般来说，运用在服装上的人物图案是一种经过艺术加工的人物形象，能够产生有趣的视觉效果，也有少部分用的是明星的人物形象。

二、抽象变化造型

抽象图案是形象在变化的过程中，相对脱离形的具体内容，趋向使用纯粹与理性的形态——点、线、面来构成的图案。这样的图案既有新的"象"，也保留了原有物象的某些特征和神韵。抽象图案包括以下几种。

（1）几何图案。

几何图案是指用规矩、整齐的点、线、面组成的抽象图案，在服装的材料制作和服装缝制的过程中，几何图案能比较方便地融入服装，如针织的毛衣等。因此，几何图案能广泛地运用于服装的装饰中。为了丰富图案的变化，几何图案常常与具象图案组合使用，如图 3-70所示。

图 3-70

（2）任意形图案。

任意形图案是指用随手画的点、线、面组成的抽象图案，这类图案看上去很随意，但实际上是设计师根据具体装饰对象的需要精心设计出来的。由于任意图案具有随意性，表现出一种轻松、自然、柔美的形态，因此常常被用于女装设计中，如图 3-71 所示。

图 3-71

（3）文字图案。

文字是人类创造的用于交流的符号，将文字运用到服装上，不仅能像其他图案一样具有装饰性，还具有很强的文化特征，如图 3-72 所示。

图 3-72

 # 3.5　服装图案的特点与设计原则

服装图案是图案艺术的一个门类。它是针对服装、配饰及附属构件的装饰设计和装饰纹样。作为整个图案艺术的一部分，服装图案自然具备图案的一般属性和共同特点——审美性、功用性、附属性、工艺性、装饰性等。但作为一个相对独立的门类，服装图案也有自身的特性。下面从服装图案的特点和设计原则等方面来分析服装图案。

一、服装图案的特点

（1）民族性。

服装图案具有鲜明的民族特征。

把中国的传统服装图案与法国的传统服装图案做比较，就可以明显地看出东西方服装图案的区别。东方的服装图案比较精细，而西方的服装图案比较粗犷，且多用花边或荷叶边做装饰。

（2）时代性。

受现代文化和审美的影响，现代的服装图案纹样和表现形式较以前均有了很大的改变，使用大量反映现代新鲜事物的图形，使现代的服装图案充满了时代的气息。

（3）从属性。

运用在服装中的图案主要起装饰作用，因此，图案的设计必然会受到服装款式、色彩、材料，甚至着装者的制约，具体体现在图案的组织形式由服装上相应的装饰面的形态决定，图案的色彩不能破坏服装的整体色调，服装的加工形式必须适应服装的材料等。

服装图案的民族性、时代性和从属性都是服装图案设计过程中不能忽视的重要因素。

二、服装图案的设计原则

（1）纤维性。

一般来讲，服装图案所呈现的疏松的结构、凹凸的纹理，便是体现其纤维性的形式，此外，纤维性还赋予服装图案以温厚、柔美、亲和的感受。

（2）饰体性。

饰体性是服装图案结合着装者的体态而呈现的相应的特性。

服装最基本的功能就是裹体，服装的装饰图案和人的结构、形态等都有紧密的关系。因此，在设计服装时，应该充分考虑到它穿在人身上的实际效果。

（3）动态性。

动态性是服装图案随着人的运动而呈现的动态美学特征。

服装图案在静态和动态的不同表现中所呈现的效果是不同的。例如，两块完全相同的花布分别被做成床单和连衣裙，两者的效果完全不同，床单是通过平面的、静止的状态展示效果的，而连衣裙上的图案会更丰富多彩。这就是服装图案表现出的动态性。

（4）多义性。

多义性是服装图案为配合服装的多重价值及结构形式而呈现的相应的美学特征。

一般来说，服装除具有最基本的裹体价值外，还具有体现着装者追逐时尚、表现个性等多种价值。因此，服装图案不仅是服装的美化形式，也是其体现多种价值的重要方式。

第 4 章

服装部件和局部设计

款式是服装的基本形态，服装的造型设计一般从服装的款式构思入手。在具体的服装中，服装的款式由服装的领子、袖子、门襟、口袋、腰头等组合表现。因此，我们也从组成服装款式的这些元素入手进行服装造型的设计与研究。

 ## 4.1　领子的设计与表现

领子是较容易集中视线的地方，同时，领子也总是在上衣各局部的变化中起主导作用。因此，领子的设计常常是上衣设计的重点。

根据领子的结构特征，领子可以分为领口领、立领、贴身领、驳领、蝴蝶结领、悬垂领、针织罗纹领等。

各种类型的领子除了结构不同以外，给人的感受也不相同。下面分别介绍各种领子的设计要点和表现方法。在领子的设计中，应该注意以下几点。

① 在批量生产的服装中，应尽可能运用流行元素设计领子。

② 领子的造型要与服装的整体风格一致。

4.1.1　领口领的设计与表现

领口领是指没有领面，只有领口造型的领子。领口领的形态由衣片的领口线或服装吊带的形态确定，常常能给人简洁、轻松的感觉。

在设计和表现领口领时，应先确定并绘制好衣身上部的图形，然后在肩颈点以外的适当位置设计并绘制好领口线，最后再对领口线做适当装饰。装饰领口线的方法有很多，如辑明线、包边、嵌边、加缝花边或荷叶边等，设计时应根据服装的整体需要进行把握。用明线装饰领口是所有领都可以用的方法，也是缝合衣片的常用方法。学会用计算机表现明线，不仅可以装饰其他领，也可以用来处理服装中需要用明线装饰的其他部位。下面介绍图 4-1 所示的领口领的计算机绘制方法。

图 4-1

1．图纸设置。

（1）打开 CorelDRAW 2021，单击界面上方的新建图标 ，新建一张空白图纸，如图 4-2 所示。

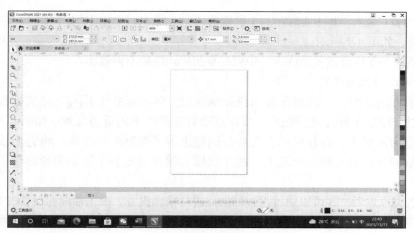

图 4-2

（2）通过属性栏（见图 4-3）对图纸进行设置。

图 4-3

（3）属性栏中的第一列用于设置图纸规格，单击右侧的下拉按钮 ，展开下拉列表，选择
【A4】选项，完成图纸规格的设置，如图 4-4 所示。

（4）属性栏中的第四列是图纸方向设置图标 。单击纵向图标，设置图纸纵向摆放，完成
图纸方向的设置。

（5）属性栏中的【单位】用于设置绘图数据的单位，单击右侧的下拉按钮 ，展开绘图单位
下拉列表，选择【厘米】选项，设置绘图单位为厘米，如图 4-5 所示，完成绘图单位的设置。

（6）双击横向标尺，打开【选项】对话框，如图 4-6 所示。

图 4-4　　　　　　图 4-5　　　　　　　　　图 4-6

（7）单击【标尺】选项中的【编辑缩放比例】按钮，打开【绘图比例】对话框，将【页面距

离】设置为"1.0"毫米，将【实际距离】设置为"5.0"毫米，单击【OK】按钮，完成1∶5的绘图比例的设置，如图4-7所示。

提示：所有关于图纸设置的内容与步骤基本相同，以后不再叙述。

2. 原点和辅助线的设置。

（1）为了方便绘图，一般要设置原点和辅助线。单击选择工具，将鼠标指针放在横、竖标尺交叉处，按住鼠标左键并拖曳，将原点放置在图纸中的适当位置，如图4-8所示。将鼠标指针放在竖向标尺上，按住鼠标左键并分别拖出若干条竖向辅助线，将它们放置在相应位置；然后将鼠标指针放在横向标尺上，按住鼠标左键并拖出若干条横向辅助线，将它们放置在相应位置。

（2）设置完原点后，还可以通过设置辅助线进行精确设置。双击横向标尺，打开【辅助线】对话框，选中【水平】选项，在下方数值栏中输入需要的水平辅助线位置数据，如矩形高度线−400mm、落肩线−50mm等，单击【添加】按钮。

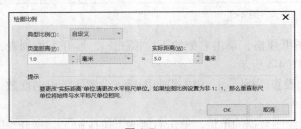

图4-7　　　　　　　　　　　　　　　图4-8

（3）重复步骤（2），打开【辅助线】对话框，选中【垂直】选项，在下方数值栏中输入需要的垂直辅助线位置数据，如矩形宽度线200mm、−200mm，领口宽度线100mm、−100mm，收腰位置线150mm、−150mm等，单击【添加】按钮，如图4-9所示。

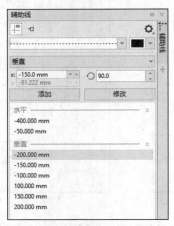

图4-9

提示：所有原点和辅助线的设置基本相同，以后不再叙述。

3. 绘制外框。

利用矩形工具 ▢ ，参照辅助线绘制一个正方形，使其边长为 40cm，如图 4-10 所示。

4. 绘制衣身。

（1）利用选择工具 ▮ 选中正方形，单击属性栏中的 ⟳ 图标，将其转换为曲线。

（2）选择形状工具 ▮ ，在正方形上面那条边的中点两侧各 10cm 处分别双击，增加两个节点，同时将正方形上面那条边两端的节点分别向下移动 5cm，形成落肩。将正方形下面那条边的两个节点分别向内移动 5cm，得到收腰形状，如图 4-11 所示。

图 4-10

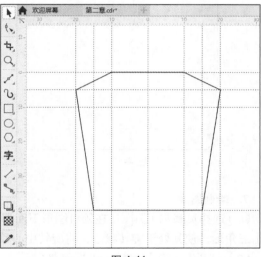

图 4-11

5. 绘制领口。

（1）利用椭圆形工具 ◯ ，以上面那条边的中点为圆心，按住 Ctrl + Shift 组合键，绘制一个直径和领口宽度相同的圆形。单击属性栏中的 ⟳ 图标，将其转换为曲线。

（2）利用形状工具 ▮ ，选中圆形左右的两个节点，单击属性栏中的尖突节点图标 ⟋ ，使两个节点的形态变为尖突。

（3）利用形状工具 ▮ 选中圆形上部的节点，单击属性栏中的断开曲线图标 ⟋ ，使曲线在节点处分离，这时节点处存在两个重叠的节点。

（4）利用形状工具 ▮ 绘制一个虚线矩形，将两个节点同时选中，单击删除节点图标 ⟋ ，同时删除两个节点，这时圆形的上半部被删除，只剩下半部，如图 4-12 所示。

（5）利用形状工具 ▮ 选中衣身框图中领口处的直线，单击属性栏中的 ⟋ 图标，将其变为曲线，如图 4-13 所示。

6. 绘制双线。

（1）利用选择工具 ▮ 选中半圆形前领口，打开【变换】

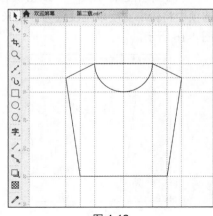

图 4-12

面板，单击大小图标 🖽，设置【副本】为"1"，单击【应用】按钮，再绘制一个半圆，同时放大半圆，并将其移动到适当的位置。

（2）利用选择工具 ▶ 选中衣身图形，打开【变换】面板，单击大小图标 🖽，设置【副本】为"1"，单击【应用】按钮，再制一个衣身图形。

（3）利用形状工具 ⬛ 选中除肩颈点以外的其他所有节点，单击属性栏中的断开曲线图标 ⟋⟍，并单击删除节点图标 ⬚⬚⬚，删除这些节点，只留下领口曲线。

（4）利用选择工具 ▶ 选中曲线，向下移动适当距离，调整端点的位置，效果如图 4-14 所示。

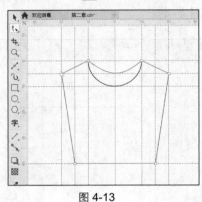
图 4-13

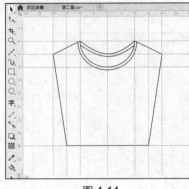
图 4-14

7. 绘制图案。

（1）选择贝塞尔工具 ⟋，在领口图形下面那条边的中点处绘制一个三角形，并为其填充白色。单击三角形，使其处于旋转状态，将旋转中心移动到领口曲线的圆心处。

（2）打开【变换】面板，单击旋转图标 ↻，设置旋转角度为"–10°"，设置【副本】为"8"，单击【应用】按钮，得到左侧图案。

（3）重复步骤（2），打开【变换】面板，单击旋转图标 ↻，设置旋转角度为"10°"，设置【副本】为"8"，单击【应用】按钮，得到右侧图案，最终效果如图 4-15 所示。

8. 加粗轮廓线。

（1）单击选择工具 ▶，双击状态栏中的轮廓笔工具 ✎，打开【轮廓笔】对话框，在【常规】选项中将轮廓宽度单位设置为"毫米"，并将【角】设置为【斜切角】 ⌐，单击【OK】按钮，如图 4-16 所示。

图 4-15

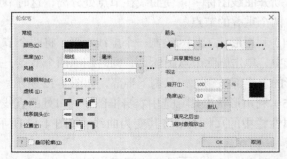
图 4-16

（2）利用选择工具 ▶ 框选整个图形，在属性栏中设置【轮廓宽度】为"0.35mm"，单击【应用】按钮，效果如图 4-17 所示。

9. 填充颜色。

利用智能填充工具 ⬛ 调整填充颜色，将装饰图样和衣身内部填充为白色。将领口处的滚边填充为深灰色，将衣身填充为灰色，完成领口领款式图的绘制，效果如图 4-18 所示。

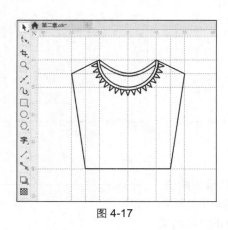
图 4-17

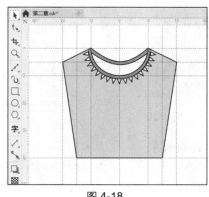
图 4-18

其他常见的领口领款式如图 4-19 所示。

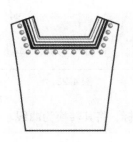

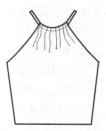
图 4-19

4.1.2　立领的设计与表现

立领是领面直立的领子，有的只有领座没有翻领，有的既有领座也有翻领。我国传统的旗袍领、中山装领，以及男式衬衣领等都属于立领，能给人庄重、挺拔的审美感受。

在设计和表现立领时可以借鉴绘制领口领的方法，先绘制好衣身上部的图形，然后在领口两侧绘制领高线，领高线的高低和倾斜度对立领的造型和着装效果有很大影响。绘制好领高线以后就可以绘制领子。立领的变化一般不大，主要用包边、嵌边或辑明线的手法进行装饰，如图 4-20 所示。

1. 设置图纸、原点和辅助线。

参照 4.1.1 小节的方法，设置图纸大小为 A4、呈竖向摆放，设置绘图单位为厘米、绘图比例为 1∶5，再设置原点和辅助线，如图 4-21 所示。

2．绘制基本框图。

利用矩形工具 □ 绘制一个边长为 40cm 的正方形，如图 4-22 所示。

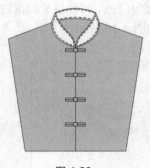

图 4-20

图 4-21

图 4-22

3．绘制衣身。

选择形状工具 ⬚ ，单击属性栏中的 ⬚ 图标，将其转换为曲线。参照辅助线，在正方形上面那条边的相应位置处分别双击，增加两个肩颈节点。按住 Shift 键，利用形状工具 ⬚ 选中正方形两端的节点。按住 Ctrl 键，利用形状工具 ⬚ 将两个节点向下拖 5cm，形成落肩。按住 Ctrl 键，利用形状工具 ⬚ ，按住鼠标左键将正方形下面那条边的两个节点分别向中心线拖曳，拖到适当位置即可，形成收腰效果，如图 4-23 所示。

4．绘制领子。

（1）利用贝塞尔工具 ✎ 绘制封闭的三角形，并将其填充为白色，如图 4-24 所示。

（2）利用形状工具 ⬚ 框选三角形的 3 个节点，单击属性栏中的 ⬚ 图标，将其转换为曲线。利用形状工具 ⬚ 将三角形的直边弯曲为领子形状，如图 4-25 所示。

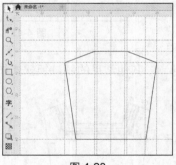

图 4-23

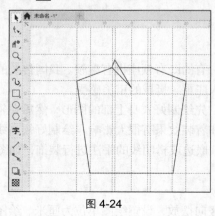

图 4-24

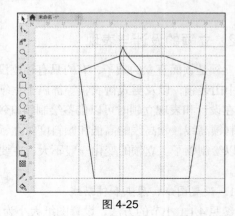

图 4-25

（3）利用选择工具 ⬚ 选中左侧领子，选择【编辑】→【复制】命令，再选择【编辑】→【粘贴】命令，复制一个领子。单击属性栏中的水平镜像图标 ，使领子水平翻转。按住 Ctrl 键，按住鼠标左键将其拖至右侧相应位置，如图 4-26 所示。

（4）利用贝塞尔工具 和形状工具 ，参照上述方法，绘制后领图形，效果如图 4-27 所示。

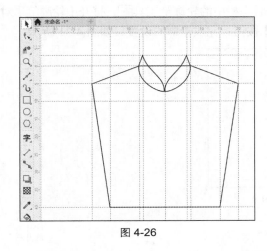

图 4-26

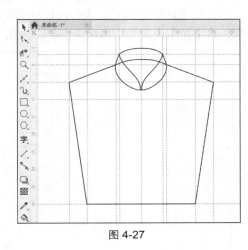

图 4-27

5.　绘制明线。

利用贝塞尔工具 和形状工具 ，参照绘制领子的方法，绘制领子上的明线，并通过属性栏中的选项，将其修改为虚线，效果如图 4-28 所示。

6.　绘制门襟和扣子。

（1）按住 Ctrl 键，利用 2 点线工具 ，自领口处开始，绘制一条到底边的直线，完成门襟的绘制。

（2）利用矩形工具 绘制一个矩形，并设置矩形的宽度为 6cm、高度为 0.5cm，选择【编辑】→【复制】命令，再选择【编辑】→【粘贴】命令，复制一个矩形，将其放置在第一个矩形的下方，按住 Shift 键选中两个矩形，单击属性栏中的组合对象图标 ，完成扣袢的绘制。

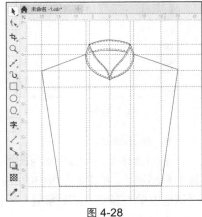

图 4-28

（3）按住 Ctrl 键，利用椭圆形工具 绘制一个直径为 1.3cm 的圆形，并将其填充为白色。

（4）利用选择工具 框选两个矩形和圆形，选择【对象】→【对齐与分布】→【水平居中对齐】命令，再选择【对象】→【对齐与分布】→【垂直居中对齐】命令，完成扣子的绘制。

（5）利用选择工具 拖出一个虚线框，将扣袢和扣子同时框住（即同时选中），单击属性栏中的组合对象图标 ，将它们组合在一起。利用选择工具 将其拖曳到门襟线上端。打开【变换】面板，单击位置图标 ，设置【副本】为 "3"，单击【应用】按钮，再制 3 个扣子，并将它们向下拖曳到适当位置，完成扣子的绘制，效果如图 4-29 所示。

7.　加粗轮廓。

（1）利用选择工具 ，按住 Shift 键，连续选中所有虚线，在【属性】面板中将【轮廓宽度】

设置为"3mm"，单击【应用】按钮。

（2）利用选择工具，按住 Shift 键，连续选中所有实线图形，在【属性】面板中将【轮廓宽度】设置为"2.5mm"，单击【应用】按钮，效果如图 4-30 所示。

（3）双击选择工具，选中所有的图形，双击状态栏中的轮廓笔工具，打开【轮廓笔】对话框，将【角】设置为【斜切角】，单击【OK】按钮，完成轮廓的设置，如图 4-31 所示。

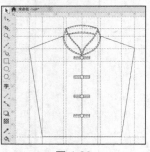

图 4-29

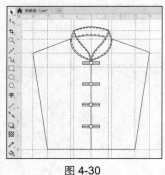

图 4-30

图 4-31

8. 填充颜色。

利用选择工具选中衣身图形，单击调色板中的灰色，为衣身填充 30%的灰色。利用选择工具选中全部领子，单击调色板中的白色，为领子填充白色。双击状态栏中的编辑填充图标，在弹出的对话框中单击渐变填充图标，为扣子填充椭圆形渐变，完成中式立领的绘制，如图 4-32 所示。

其他常见的立领款式如图 4-33 所示。

图 4-32

图 4-33

4.1.3 贴身领的设计与表现

贴身领的领面向外翻折，领子贴在衣身上。贴身领的形态变化十分灵活，可以运用的装饰手法也很多，因此，它能产生的审美效果也非常丰富，设计师应结合整体需要进行设计。

在设计和表现贴身领前需要先绘制衣身图形，然后再确定贴身领领座的高度。贴身领领座的高度对翻领的造型有一定影响，领座越高，领面越容易向上翘起；反之，领面越容易平摊在肩上。贴身领的领座高度确定之后，就可以绘制贴身领。

图 4-34

设计贴身领的关键是把握好领面折线和领面的轮廓线。领面折线将决定贴身领的深度，而领面的轮廓线则决定贴身领的造型。领面的造型确定之后，还可以运用包边、嵌边、刺绣图案、拼贴异色布、加缝花边、辑明线等手法丰富它们的变化，如图 4-34 所示。

1. 设置原点和辅助线，绘制外框。

参照 4.1.1 小节的方法设置原点和辅助线。利用矩形工具□绘制一个边长为 40cm 的正方形。再制一个矩形，设置其宽度为 14cm、高度为 2cm，按住 Ctrl 键将该矩形拖至正方形的上方，并与之居中对齐，如图 4-35 所示。

2. 绘制衣身。

利用形状工具选中正方形，单击属性栏中的图标，将正方形转换为曲线；在正方形上面那条边与矩形两条短边的交点处分别双击，增加两个节点。按住 Shift 键，单击两个节点，按住 Ctrl 键，将两个节点向下拖 5cm，形成落肩。按住 Ctrl 键，利用形状工具，将正方形下面那条边的两个节点分别向中心线拖曳，拖至适当位置即可，形成收腰效果，如图 4-36 所示。

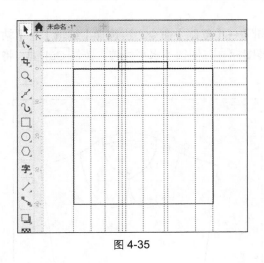

图 4-35

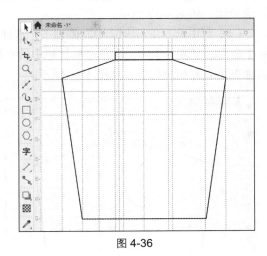

图 4-36

3. 绘制领子。

（1）利用形状工具选中矩形，单击属性栏中的图标，将矩形转换为曲线，将矩形上面那条边的两个节点分别向中心线移动。利用贝塞尔工具，沿 A→B→C→A 的顺序绘制封闭的三角形 ABC，如图 4-37 所示。

（2）利用形状工具 选中矩形上面的那条边，单击属性栏中的 图标，将其转换为曲线。利用形状工具 选中矩形上面那条边的中心，将其向上拖至适当位置。重复上述步骤，将矩形下面那条边向上拖至适当位置，如图 4-38 所示。将正方形上面那条边的中段拖曳至与矩形下面那条边重合。

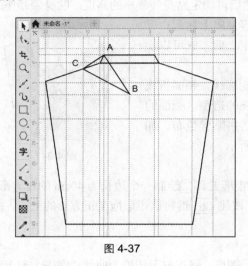

图 4-37

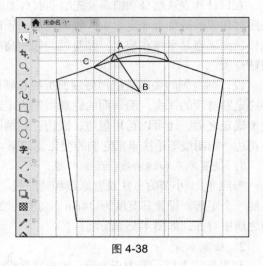

图 4-38

（3）利用形状工具 选中 BC 边，单击属性栏中的 图标，将其转换为曲线。利用形状工具 ，将该曲线向下弯曲为领口形状。利用形状工具 选中 AB 边，单击属性栏中的 图标，将其转换为曲线。利用形状工具 将下端控制柄向上拖，将上端控制柄向下拖，使三角形 ABC 成为领子形状，如图 4-39 所示。

（4）利用选择工具 选中左侧领子，选择【编辑】→【复制】命令，再选择【编辑】→【粘贴】命令，复制一个领子。单击属性栏中的水平翻转图标 ，使领子水平翻转。按住 Ctrl 键，将其拖曳至右侧相应位置，如图 4-40 所示。

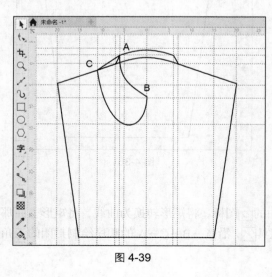

图 4-39

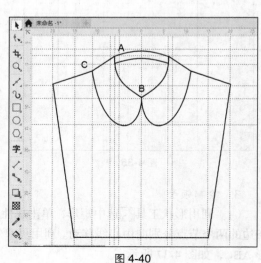

图 4-40

4. 绘制明线。

（1）利用 2 点线工具 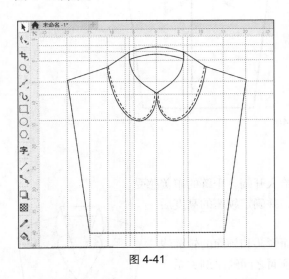 在左领外口线的左、右端之间绘制一条直线。

（2）利用形状工具 选中该直线，单击直线，再单击属性栏中的 图标，将其转换为曲线。拖曳曲线，使其与领子外口线形状相同，再设置其线型为虚线。

（3）利用选择工具 选中虚线曲线，选择【编辑】→【复制】命令，再选择【编辑】→【粘贴】命令，再制一条虚线。单击属性栏中的水平镜像图标 ，将其水平翻转。利用选择工具 将其移动到右领的适当位置，完成明线的绘制，如图 4-41 所示。

5. 绘制门襟和扣子。

（1）按住 Shift 键，利用 2 点线工具 ，自右侧的领口处开始，绘制一条直线到底边，完成门襟的绘制。

（2）按住 Ctrl 键，利用椭圆形工具 绘制一个直径为 2cm 的圆形。

（3）利用选择工具 将其拖曳到中线上。选择【编辑】→【复制】命令，再选择两次【编辑】→【粘贴】命令，再制两个扣子，并将它们向下拖曳到中线上的适当位置，完成扣子的绘制，如图 4-42 所示。

图 4-41

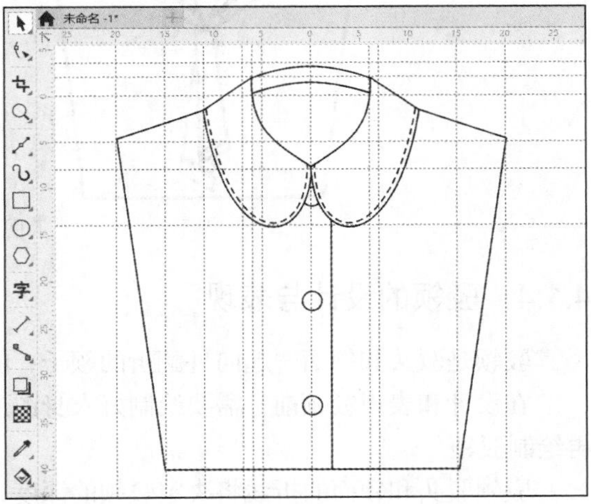

图 4-42

6. 加粗轮廓。

利用选择工具 选中所有虚线，打开【属性】面板，将【轮廓宽度】设置为 "2.5mm"。利用选择工具 选中衣身和领子图形，打开【属性】面板，将【轮廓宽度】设置为 "3mm"，效果如图 4-43 所示。

7. 填充颜色。

利用选择工具 选中领子图形，单击调色板中的白色，为领子填充白色。利用同样的方法为衣身填充灰色，双击状态栏中的编辑填充图标 ，在弹出的对话框中单击渐变填充图标 ，为扣子填充椭圆形渐变，完成贴身领款式图的绘制，如图 4-44 所示。

其他常见的贴身领款式如图 4-45 所示。

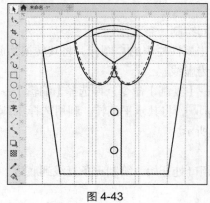

图 4-43

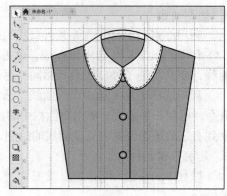

图 4-44

图 4-45

4.1.4　驳领的设计与表现

驳领是驳头和领面一起向外翻折的领子，能给人开阔、干练的审美感受。

在设计和表现驳领前，需要绘制好衣身图形，并确定领座的高度后再绘制驳领。

驳领驳头和领面的折线将决定驳领的深度，而驳头和领面的轮廓线将决定驳领的造型，设计时要注意处理好驳头与领面之间的比例关系。驳领的领面造型一般变化较大，可以运用嵌边或包边工艺对其进行装饰，如图 4-46 所示。

1. 设置原点和辅助线，绘制外框。

图 4-46

参照 4.1.1 小节的方法设置原点和辅助线。利用矩形工具 □ 绘制一个边长为 40cm 的正方形，单击属性栏中的 ⊙ 图标，将其转换为曲线。再绘制一个宽度为 14cm、高度为 3cm 的矩形。利用选择工具 ▶ 将该矩形拖至正方形的上方，并与之居中对齐，如图 4-47 所示。

2. 绘制衣身。

利用形状工具 ▸ 在正方形上面那条边与矩形两条短边的交点处分别双击，增加两个节点。按住 Shift 键，利用形状工具 ▸ 选中正方形两端的节点。按住 Ctrl 键，利用形状工具 ▸ 将两个节点向下拖曳 4cm，形成落肩。按住 Ctrl 键，利用形状工具 🔧 将正方形下面那条边的两个节点分别向中心线拖曳，拖至适当位置即可，形成收腰效果，如图 4-48 所示。

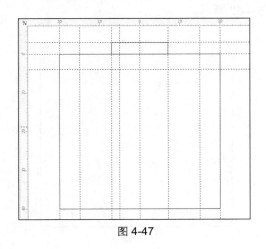

图 4-47   图 4-48

3. 绘制领子。

（1）利用形状工具 🔧 将矩形上面那条边的两个节点分别向中心线拖曳，拖到适当位置即可。利用贝塞尔工具 ✏，自矩形左上角的节点处开始，沿 A→B→C→A 的顺序绘制一个封闭的三角形 ABC，同时在三角形的 B 点处向下绘制一条竖向直线（门襟线），如图 4-49 所示。

（2）利用形状工具 🔧，在三角形的 BC 边上双击，增加 1 个节点，移动节点，得到领子的基本形状，如图 4-50 所示。

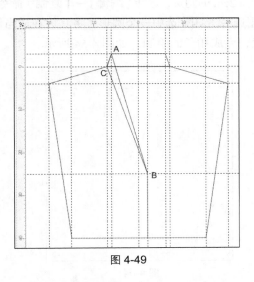
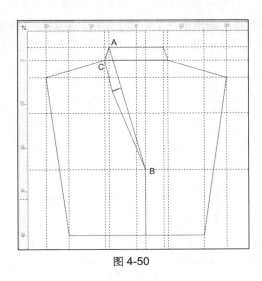

图 4-49   图 4-50

（3）利用形状工具 🔧 选中领子的外边，单击属性栏中的 ⭕ 图标，将其转换为曲线。利用形状工具 🔧，将该曲线向外弯曲为领子形状。利用形状工具 🔧 选中驳头外边，单击属性栏中的 ⭕ 图标，将其转换为曲线。利用形状工具 🔧 将该曲线向外弯曲为驳头形状，如图 4-51 所示。

（4）利用选择工具 ▶ 选中左侧领子，选择【编辑】→【复制】命令，再选择【编辑】→【粘贴】命令，再制一个领子。单击属性栏中的水平镜像图标 ⬓，将其水平翻转。利用选择工具 ▶，按住 Ctrl 键，将其水平移动到右侧相应位置，如图 4-52 所示。

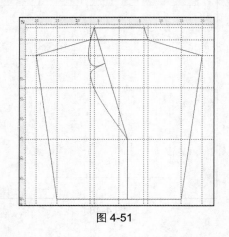

图 4-51

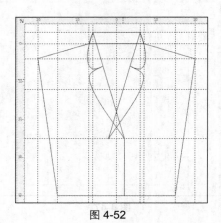

图 4-52

（5）利用形状工具 ⬖ 选中右领，在左、右领 4 个交点中上方的交点和右边的交点处分别双击，增加两个节点，再选中两个节点，单击属性栏中的尖突节点图标 ⬈，选中右领下部的节点，按 Delete 键删除节点。接着选中下方的曲线，单击属性栏中的转换为线条图标 ⬈，去除重叠部分，如图 4-53 所示。

4. 绘制纽扣。

利用椭圆形工具 ◯，按住 Ctrl 键，绘制一个直径为 2cm 的圆形，选择【编辑】→【复制】命令，再选择【编辑】→【粘贴】命令，复制一个圆形。用选择工具 ▶ 选中一个圆形，将其放在适当位置。再选中另一个圆形，将其放在下方的适当位置，完成扣子的绘制，如图 4-54 所示。

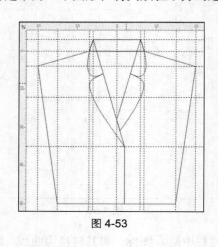

图 4-53

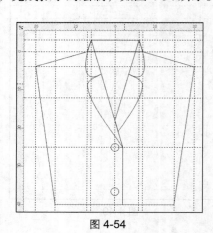

图 4-54

5. 加粗轮廓。

（1）利用选择工具 ▶ 绘制一个矩形选取框，选中所有图形。在属性栏中将【轮廓宽度】设置为"3mm"。

（2）双击状态栏中的轮廓笔工具 ，打开【轮廓笔】对话框，将【角】设置为【斜切角】 ，如图 4-55 所示，单击【OK】按钮，完成轮廓的设置，效果如图 4-56 所示。

图 4-55

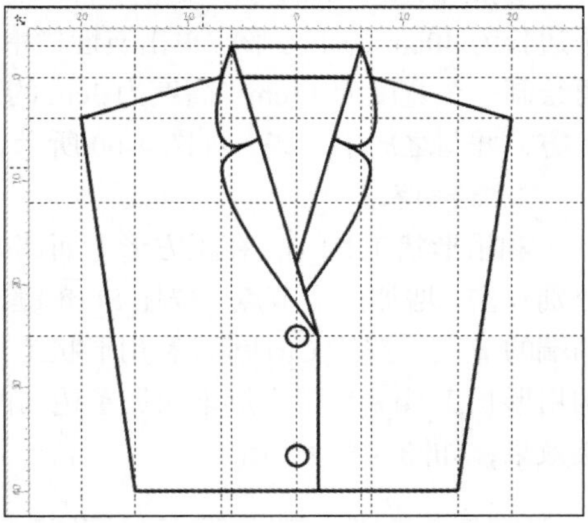

图 4-56

6. 填充颜色。

（1）利用选择工具 选中衣身图形，单击调色板中的灰色，为衣身填充灰色。

（2）利用选择工具 选中全部领子，单击调色板中的白色，为领子填充白色。再选中全部扣子，双击状态栏中的编辑填充图标 ，在弹出的对话框中单击渐变填充图标 ，为扣子填充椭圆形渐变，完成驳领的绘制，如图 4-57 所示。

其他常见的驳领款式如图 4-58 所示。

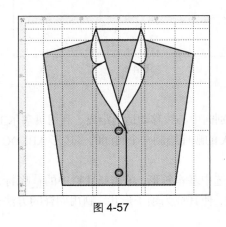

图 4-57

图 4-58

4.1.5　蝴蝶结领的设计与表现

蝴蝶结领是以蝴蝶结做领饰的领子，能给人俏皮、活泼的审美感受。

在设计和表现蝴蝶结领时要注意处理好蝴蝶结中"带"的宽窄、长短，以及"带"的扭曲变化，还要处理好"带"与"结"之间的关系，让"结"将"带"束住，如图 4-59 所示。

蝴蝶结是服装设计中常用的元素，掌握了蝴蝶结形态变化的规律后，可以在需要时将其自如地运用到服装的其他部位中去。

1. 设置原点和辅助线，绘制外框。

参照 4.1.1 小节的方法设置原点和辅助线。利用矩形工具□绘制一个边长为 40cm 的正方形，单击属性栏中的◌图标，将其转换为曲线。再绘制一个宽度为 13cm、高度为 3cm 的矩形，将该矩形拖至正方形的上方，并与之居中对齐，如图 4-60 所示。

图 4-59

2. 绘制衣身。

利用形状工具 ⯈，在正方形上面那条边与矩形两条短边的交点处分别双击，增加两个节点。按住 Shift 键，利用形状工具 ⯈ 选中正方形两端的节点。按住 Ctrl 键，利用形状工具 ⯈ 将两个节点向下拖 4cm，形成落肩。按住 Ctrl 键，利用形状工具 ⯈ 将正方形下面那条边的两个节点分别向中心线拖曳，拖到适当位置即可，形成收腰效果，如图 4-61 所示。

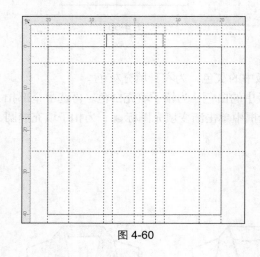

图 4-60

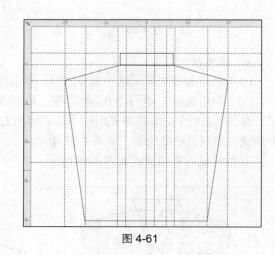

图 4-61

3. 绘制领子。

（1）利用形状工具 ⯈ 将矩形上面那条边的两个节点分别向中心线移动适当距离。利用贝塞尔工具 ✐，自矩形左上角的节点处开始，沿 A→B→E→D→C→A 的顺序绘制一个封闭的多边形 ABEDC，如图 4-62 所示。

（2）利用形状工具 ⯈ 在领形外部绘制一个虚线矩形，选中基本领形，单击属性栏中的 ◌ 图标，将基本领形的所有直线转换为曲线。同时拖曳每一条曲线，使其成为领子形状。利用同样的方法，将后领修改为图 4-63 所示的形状。

（3）利用选择工具 ▸ 选中左侧领子，选择【编辑】→【复制】命令，再选择【编辑】→【粘贴】命令，再制一个领子。单击属性栏中的水平镜像图标 ▥，将其水平翻转。利用选择工具 ▸，按住 Ctrl 键，将其水平移动到右侧相应位置，如图 4-64 所示。

（4）利用手绘工具 ✑ 和形状工具 ⯈，在左、右领交叉处绘制蝴蝶结，如图 4-65 所示。

（5）利用手绘工具 ✑ 和形状工具 ⯈，在领子和蝴蝶结内部绘制折纹曲线，使其表现出褶皱形态，如图 4-66 所示。

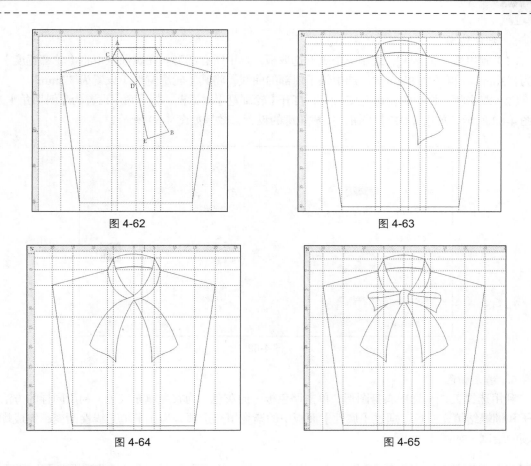

图 4-62　　　　　　　　　　　　　　图 4-63

图 4-64　　　　　　　　　　　　　　图 4-65

4. 绘制门襟和纽扣。

（1）利用 2 点线工具 ，在衣身中线右侧 2cm 处，绘制一条竖向直线作为门襟线。

（2）利用椭圆形工具 ，按住 Ctrl 键绘制一个直径为 2cm 的圆形，选择【编辑】→【复制】命令，再选择【编辑】→【粘贴】命令，复制 3 个圆形。用选择工具 将它们放置在适当位置，完成扣子的绘制，如图 4-67 所示。

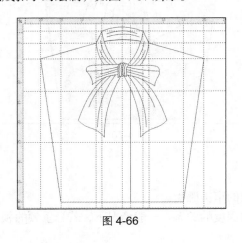

图 4-66

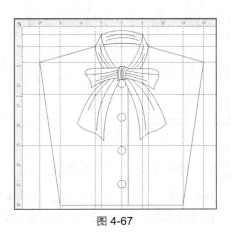

图 4-67

5. 加粗轮廓。

（1）利用选择工具 ▶️，绘制一个矩形选取框，选中所有图形。在属性栏中将【轮廓宽度】设置为"3mm"。再按住 Shift 键，选中领子内部的曲线，将其【轮廓宽度】设置为"2mm"。

（2）双击状态栏中的轮廓笔工具 🖊️，打开【轮廓笔】对话框，将【角】设置为【斜切角】 ，如图 4-68 所示，单击【OK】按钮，完成轮廓的设置，效果如图 4-69 所示。

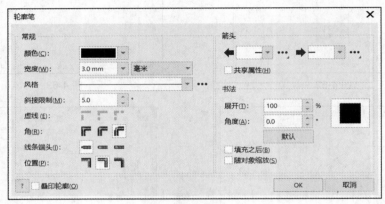

图 4-68

6. 填充颜色。

利用选择工具 ▶️选中衣身图形，单击调色板中的灰色，为衣身填充灰色。利用同样的方法为领子和蝴蝶结填充白色。通过【属性】面板中的渐变填充选项，为扣子填充线性渐变，完成蝴蝶结领的绘制，如图 4-70 所示。

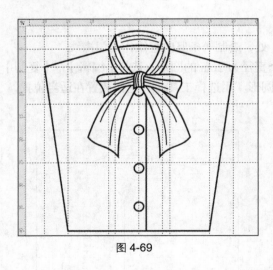

图 4-69

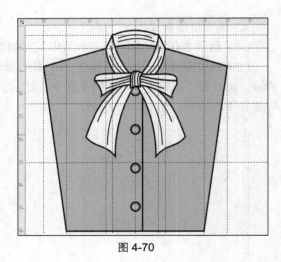

图 4-70

4.1.6 悬垂领的设计与表现

悬垂领是一种特殊的领口领，能给人柔和、优雅的审美感受。

在设计和表现悬垂领时要注意处理好领口宽度与深度的关系。一般情况下，若悬垂领的领口比较宽，领口就不宜太深；而领口比较深的时候，领口就不宜太宽，如图 4-71 所示。

1．设置原点和辅助线，绘制外框。

参照 4.1.1 小节的方法设置原点和辅助线。利用矩形工具 ▢ 绘制一个边长为 40cm 的正方形，单击属性栏中的 ◌ 图标，将其转换为曲线，如图 4-72 所示。

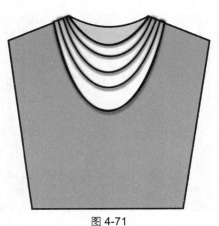

图 4-71　　　　　　　　　　　　　　　　　图 4-72

2．绘制衣身。

利用形状工具 ◥ 在正方形上面那条边的中线两侧各 8cm 处分别双击，增加两个节点。按住 Shift 键，利用形状工具 ◥ 选中正方形两端的节点。按住 Ctrl 键，利用形状工具 ◥，将两个节点向下拖 5cm，形成落肩。按住 Ctrl 键，利用形状工具 ◥，将正方形下面那条边的两个节点分别向中心线拖曳，拖至适当位置即可，形成收腰效果，如图 4-73 所示。

3．绘制领子。

（1）利用形状工具 ◥ 选中图形上面那条边的中间部分，将其变为曲线。向下拖曳曲线，使其弯曲为领口形状，如图 4-74 所示。

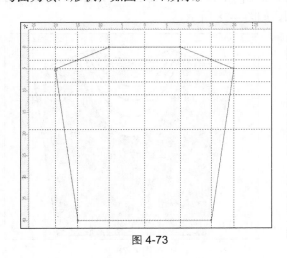

图 4-73

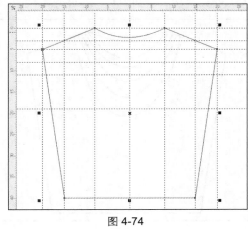

图 4-74

（2）利用手绘工具，在领口外部的两侧肩线之间绘制一个封闭的梯形。利用形状工具将梯形的上、下边变为曲线并弯曲为悬垂领形状，形成领子外形，如图 4-75 所示。

（3）利用手绘工具在领子外形的上方绘制 3 条直线，利用【形状】工具将直线变为曲线，并弯曲为悬垂领的褶皱线，如图 4-76 所示。

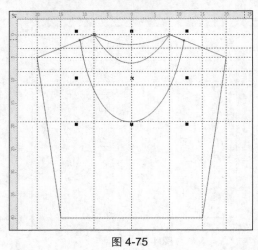

图 4-75　　　　　　　　　　　　　　　图 4-76

4. 加粗轮廓。

利用选择工具绘制一个矩形选取框，选中所有图形，在属性栏中将【轮廓宽度】设置为"3mm"，效果如图 4-77 所示。

5. 填充颜色、绘制阴影。

（1）利用选择工具选中衣身图形，单击调色板中的深灰色，为衣身填充深灰色。利用选择工具选中衣领内侧图形，单击调色板中的浅灰色，为其填充浅灰色。利用选择工具选中领子外部图形，单击调色板中的白色，为其填充白色。

（2）利用选择工具选中全部领子，单击阴影工具，按住鼠标左键自领子上部向下拖曳到领子下部，为领子添加阴影，完成悬垂领的绘制，如图 4-78 所示。

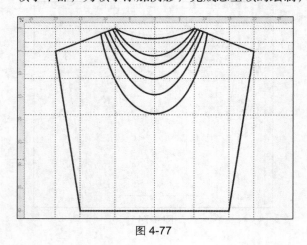

图 4-77　　　　　　　　　　　　　　　图 4-78

4.1.7　针织罗纹领的设计与表现

针织罗纹领是用针织罗纹材料设计并制作的领，它的形态主要由领口线的造型与领圈的高低决定。领圈较低的针织罗纹领与一般领口领相似，而领圈较高的针织罗纹领会比一般立领显得更轻松。针织罗纹领不仅常出现在针织服装中，也常出现在梭织服装中。

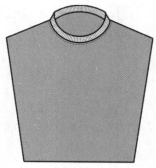

图 4-79

在绘制针织罗纹领时要注意表现领的质感和罗纹的表面肌理，如图 4-79 所示。

1．设置原点和辅助线，绘制外框。

参照 4.1.1 小节的方法设置原点和辅助线。利用矩形工具 □ 绘制一个边长为 40cm 的正方形。再绘制一个矩形，并将其放置在正方形上方的中间位置，单击属性栏的 ⟳ 图标，将矩形和正方形转换为曲线，如图 4-80 所示。

2．绘制衣身。

利用形状工具 ↳ 选中正方形，在正方形上面那条边与矩形两条短边的交点处分别双击，增加两个节点。按住 Shift 键，利用形状工具 ↳ 选中正方形两端的节点。按住 Ctrl 键，将两个节点向下拖 5cm，形成落肩。按住 Ctrl 键，利用形状工具 ↳ 将正方形下面那条边的两个节点分别向中心线拖曳，拖至适当位置即可，形成收腰效果。利用形状工具 ↳，将正方形上面那条边的两个节点分别向内移动适当距离，如图 4-81 所示。

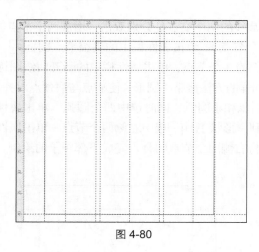

图 4-80

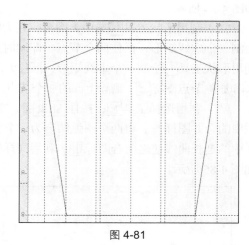

图 4-81

3．找圆心"A""B"。

（1）将领台上面那条边的左端点记为 C，将衣身中心线在领台上方 2cm 处的点记为 D，将衣身中心线 D 点向下 9cm 的点记为 E。利用手绘工具 ✎ 在 C、D 两点之间绘制一条直线。利用选择工具 ↖ 选中直线，直线周围会出现 8 个控制柄。选择选择工具 ↖，将鼠标指针放在标尺上，拖出垂直辅助线，将其放置在直线 CD 的中点处。

（2）利用矩形工具 □ 绘制一个矩形，将其左上角的点与直线 CD 的中心对齐。单击矩形，使其处于旋转状态，将旋转中心移动到直线 CD 的中心处，拖曳旋转控制柄，使矩形上面的那条边与直线 CD 重合，其左面的那条边与衣身中心线的交点即是圆心 A，如图 4-82 所示。

（3）利用同样的方法，找出另一个圆心 B，如图 4-83 所示。

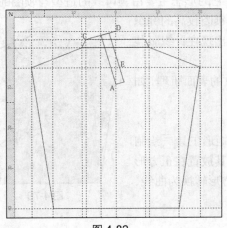

图 4-82

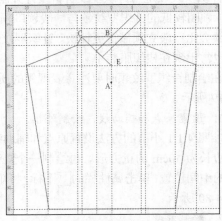

图 4-83

4．绘制领子。

（1）利用椭圆形工具 ，同时按住 Ctrl 键和 Shift 键，以 B 点为圆心、BC 为半径，绘制一个圆形，单击 图标将其转换为曲线。选择【编辑】→【复制】命令，再选择【编辑】→【粘贴】命令，复制一个圆形，按住 Shift 键拖曳圆形使其适当放大，两个圆形的间距即为领子的宽度，如图 4-84 所示。

（2）利用形状工具 选中大圆形，在大圆形与肩线的两个交点处分别双击，增加两个节点。绘制一个虚线矩形，框住两个节点（即同时选中两个节点），单击属性栏中的尖突节点图标 。利用形状工具 绘制一个虚线矩形，框住大圆形上部的 3 个节点，单击属性栏中的断开曲线图标 和删除节点图标 ，删除上部的 3 个节点。利用同样的方法修整小圆形，使端点与肩颈点对齐。

（3）利用选择工具 ，按住 Shift 键，单击大圆弧和小圆弧，同时选中两个圆弧。单击属性栏中的合并图标 ，将两个圆弧结合为一个整体。利用形状工具 选中左侧两个节点，单击属性栏中的延长曲线使之闭合图标 。利用同样的方法将右侧两个节点闭合，完成下部领子的绘制，如图 4-85 所示。

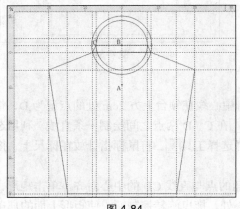

图 4-84

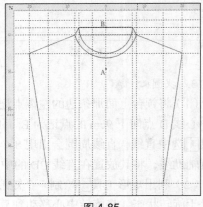

图 4-85

（4）按照上述步骤绘制出上部领子，如图 4-86 所示。

5．绘制罗纹和明线。

（1）利用手绘工具，从圆心 B 开始，向着左侧肩颈点绘制一条直线。利用形状工具，将直线右端的节点沿直线移动到领子内侧。利用选择工具双击直线，使直线处于旋转状态，拖曳旋转中心到圆心 B 处。打开【变换】面板，单击旋转图标，设置旋转角度为 "4°"、【副本】为 "38"，单击【应用】按钮，使整个领子布满短直线，形成罗纹肌理。

（2）按照上述步骤绘制出上部领子上的罗纹肌理，如图 4-87 所示。

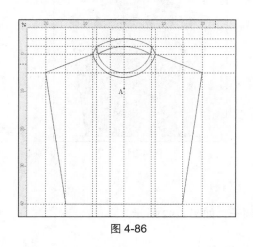

图 4-86　　　　　　　　　　　　　　　　　　图 4-87

（3）利用手绘工具，在领子外侧的两条肩线之间绘制一条直线。利用形状工具选中直线，单击属性栏中的图标。拖曳直线，使其弯曲为与领子外口吻合，即完成了领子罗纹的绘制，如图 4-88 所示。

6．加粗轮廓。

（1）利用选择工具选中所有罗纹线。打开【轮廓笔】对话框，将领子和明线的【宽度】设置为 "1.0mm"，如图 4-89 所示。

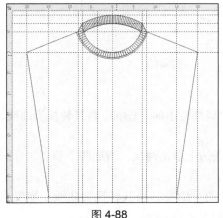

图 4-88

图 4-89

（2）利用选择工具 选中衣身和领子轮廓线，按照上述方法将【宽度】设置为"3mm"，完成加粗轮廓的操作，效果如图 4-90 所示。

7．填充颜色。

利用选择工具 选中领子图形，单击调色板中的白色，为其填充白色。利用同样的方法为衣身填充深灰色，完成针织罗纹领款式图的绘制，如图 4-91 所示。

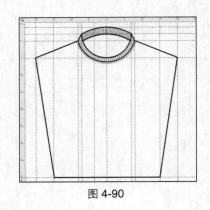

图 4-90

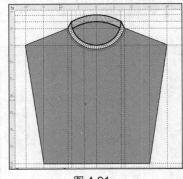

图 4-91

4.1.8　连身领的设计与表现

连身领是指衣身或部分衣身与领子连在一起的领子，如图 4-92 所示。

1．设置原点和辅助线。

参照 4.1.1 小节的方法，设置图 4-93 所示的原点和辅助线。

图 4-92

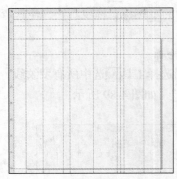

图 4-93

2．绘制衣身。

（1）利用矩形工具 ，参照辅助线绘制一个矩形。单击属性栏中的 图标，将其转换为曲线，如图 4-94 所示。

（2）利用形状工具 ，参照辅助线，在矩形上面的那条边上双击两次，增加两个节点。分别移动相应节点，形成左侧衣身，如图 4-95 所示。

（3）利用形状工具 选中领口斜直线，单击属性栏中的 图标，将其转换为曲线。拖曳曲线，使其弯曲为领口形状。利用手绘工具 绘制省位线，如图 4-96 所示。

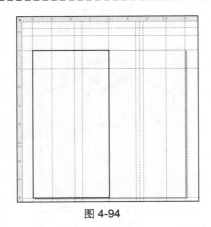

图 4-94

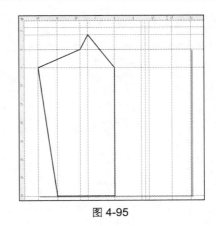

图 4-95

（4）利用形状工具 ，断开肩端点，删除领口曲线外的所有节点，只保留领口曲线，再制一个领口曲线，将其向下移动到适当位置。利用选择工具 ，同时选中两条曲线，单击属性栏中的合并图标 ，将其结合为一个图形。利用形状工具 ，分别选中曲线两端的两个节点，单击属性栏中的延长曲线使之闭合图标 ，使其形成封闭图形，并为其填充白色，如图 4-97 所示。

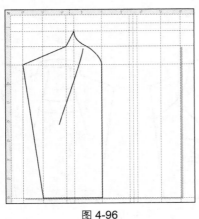

图 4-96

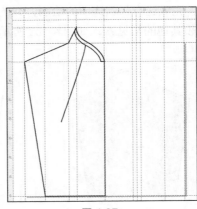

图 4-97

（5）利用选择工具 框选所有图形，单击【变换】面板中的大小图标 ，设置【副本】为 "1"，单击【应用】按钮，再制一个图形。单击属性栏中的水平镜像图标 ，使其水平翻转，将其移动到右侧相应位置。利用手绘工具 和形状工具 绘制后领口的封闭图形，如图 4-98 所示。

3．绘制扣袢和扣子。

利用矩形工具 绘制双线扣袢。利用椭圆形工具 绘制扣子图形，效果如图 4-99 所示。

4．加粗轮廓。

利用选择工具 选中所有扣子图形，设置【轮廓宽度】为 "2.5mm"。利用同样的方法，设置其他图形的【轮廓宽度】为

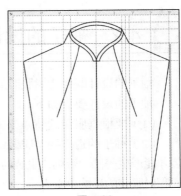

图 4-98

"3.5mm"，效果如图 4-100 所示。

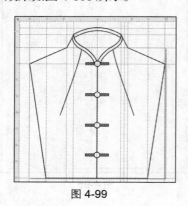

图 4-99

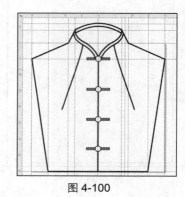

图 4-100

5. 填充颜色。

利用选择工具 选中所有图形，单击调色板中的深灰色，为其填充深灰色。利用同样的方法，为双线领口图形填充白色，为扣祥也填充白色。选择智能填充工具 ，通过属性栏选择浅灰色，单击双线领口的内部图形，为其填充浅灰色。选择【属性】面板中的渐变填充选项，为扣子填充线性渐变，完成连身领款式图的绘制，如图 4-101 所示。

连身领其他的常见款式如图 4-102 所示。

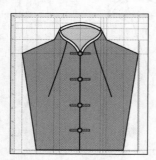

图 4-101

图 4-102

4.2　袖子的设计与表现

袖子的设计既要考虑服装的美观性，也要考虑服装的实用性。

袖子的设计要点如下。

（1）要根据服装的特点来决定袖子的造型。不同风格的袖子特点也不同。

（2）袖子的造型要与服装的整体风格相协调。让袖子的造型与服装的整体风格协调起来，服装才能产生美感。否则，服装的整体美就可能被不合适的袖子破坏。除了风格要协调以外，袖子的面积对服装的影响也很大。

（3）一般情况下，在同一件服装中，袖子的局部装饰手法要尽可能与领子的装饰手法保持一致。

（4）根据袖子的结构特征，袖子可以分为袖口袖、连身袖、平装袖、插肩袖、圆装袖等几种基本类型。

下面分别介绍各类袖子的设计和表现方法。

4.2.1 袖口袖的设计与表现

袖口袖是衣片袖窿，一般没有袖身，给人轻松、简洁的审美感受。它的变化主要由衣片袖窿弧线的形态和袖口的装饰决定。

袖口袖的装饰手法很多，如在袖口边加缝花边、荷叶边或与衣片有对比效果的其他材料。下面介绍绘制荷叶边的方法。荷叶边不仅常用于对袖口进行装饰，在服装的其他部位也常会用到，如图 4-103 所示。

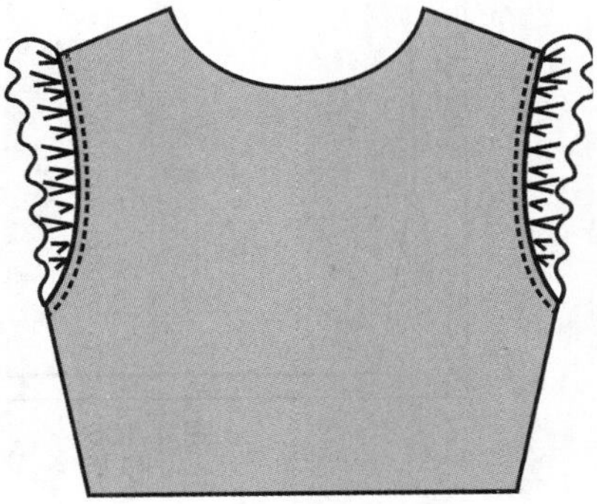

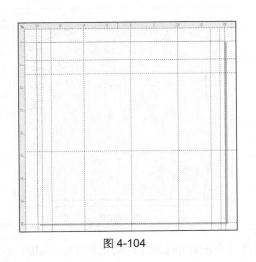

图 4-103

1. 图纸、原点和辅助线的设置。

设置图纸大小为 A4、纵向摆放、绘图单位为 cm、绘图比例为 1：5，参照 4.1.1 小节的方法设置原点和辅助线，如图 4-104 所示。

2. 绘制外框。

利用矩形工具 ，参照辅助线绘制一个矩形，同时单击属性栏中的 图标，将其转换为曲线，如图 4-105 所示。

图 4-104

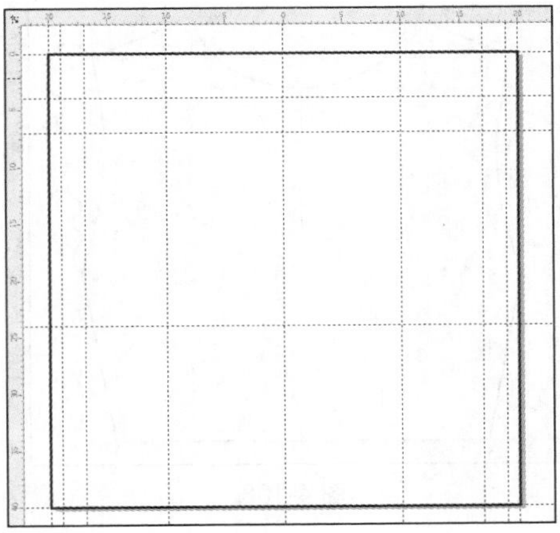

图 4-105

3. 绘制衣身。

（1）利用形状工具 ，在矩形上面那条边的中点两侧各 7cm 处双击，增加两个节点，作为肩颈点，矩形上面那条边的左右端点是肩端点，肩颈点中间的线段是领口线。利用形状工具 选中肩端点，按住 Ctrl 键，利用形状工具 将其向下拖 5cm，形成落肩。利用形状工具 ，在矩形左、右竖边各 24cm 处分别双击，增加两个节点，节点间的距离为袖窿深度。利用形状工具 将矩形下面那条边的两个节点分别向内移动，形成收腰效果，如图 4-106 所示。

（2）利用形状工具 [icon] 分别选中领口线和袖窿线，分别单击属性栏中的 [icon] 图标，拖曳曲线，使其弯曲为领口形状和袖窿形状，如图 4-107 所示。

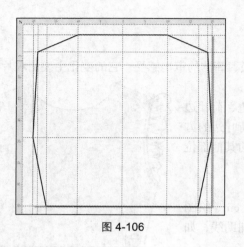

图 4-106　　　　　　　　　　　　图 4-107

4．绘制荷叶边。

（1）利用手绘工具 [icon] 和形状工具 [icon] 绘制荷叶边造型，如图 4-108 所示。

（2）利用手绘工具 [icon] 绘制荷叶边内部的褶皱线，如图 4-109 所示。

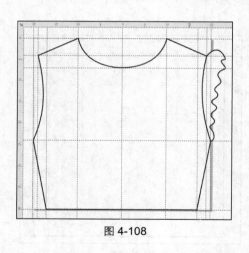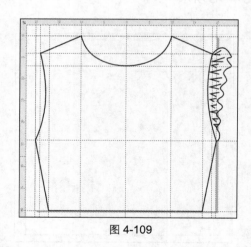

图 4-108　　　　　　　　　　　　图 4-109

（3）利用手绘工具 [icon] 和形状工具 [icon]，通过属性栏中的轮廓选项绘制袖窿明线，如图 4-110 所示。

（4）利用选择工具 [icon] 选中右侧袖口袖的所有图形，单击【变换】面板中的大小图标 [icon]，设置【副本】为"1"，再制一个袖口袖图形。单击属性栏中的水平镜像图标 [icon]，使其水平翻转，将其移动到左侧相应位置，如图 4-111 所示。

5．加粗轮廓。

利用选择工具 [icon] 选中所有图形，将【轮廓宽度】设置为"3.5mm"，效果如图 4-112 所示。

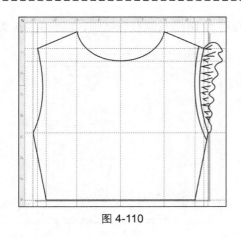

图 4-110

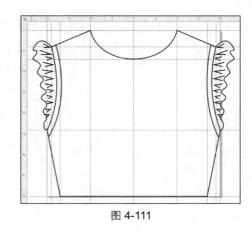

图 4-111

6．填充颜色。

利用选择工具 选中衣身图形，单击调色板中的深灰色，为其填充深灰色。利用同样的方法，为荷叶边填充白色，如图 4-113 所示。

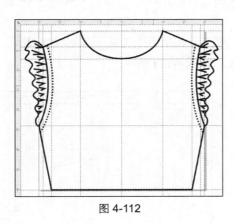

图 4-112

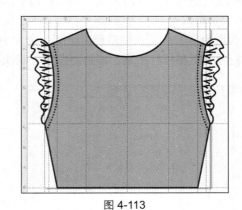

图 4-113

4.2.2　连身袖的设计与表现

连身袖是袖片与衣片直接相连的袖型，没有袖窿线，一般比较宽松，是一种常见的袖型，能给人内敛、含蓄的审美感受。

通过袖身的长短变化和对袖身的装饰，可以得到各种不同的连身袖。在设计和表现连身袖时要注意将连身袖打开来画，这样更有利于表现连身袖的造型特征，如图 4-114 所示。

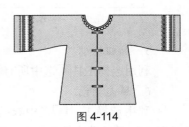

图 4-114

1．设置原点和辅助线，绘制外框。

参照 4.1.1 小节的方法设置原点和辅助线。利用矩形工具 绘制一个矩形，同时单击属性栏中的 图标，将其转换为曲线，如图 4-115 所示。

2．绘制衣身。

利用形状工具 ，在矩形上面那条边距左端点的 5cm 处、右面那条边向下 15cm 处分别双击，增加节点。利用形状工具 ![] 分别拖曳相关节点，绘制出左侧衣身框图，如图 4-116 所示。

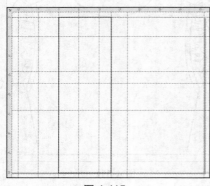

图 4-115

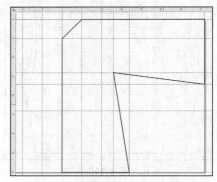

图 4-116

3. 调整相关曲线。

利用形状工具 ![] 分别选中领口线和袖子底边线，单击属性栏中的 ![] 图标，将其转换为曲线。拖曳曲线，使其分别弯曲为领口形状和袖子形状，如图 4-117 所示。

4. 绘制图案。

利用矩形工具 ![] 在袖口部位绘制 3 个大小不一的矩形。利用手绘工具 ![] 和形状工具 ![]，分别绘制轮廓图案和袖口图案，再绘制虚线、明线和双线，如图 4-118 所示。

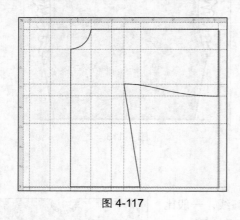

图 4-117

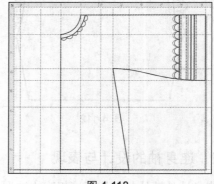

图 4-118

5. 加粗轮廓。

利用选择工具 ![] 选中所有图形，设置【轮廓宽度】为"3.5mm"，效果如图 4-119 所示。

6. 填充颜色。

利用选择工具 ![] 选中衣身图形，单击调色板中的浅灰色，为其填充浅灰色。利用同样的方法，为领口图案填充白色，为袖口图案填充深灰色，为其他图形填充相应的颜色，如图 4-120 所示。

7. 完善图形。

利用选择工具 ![] 选中所有图形，单击【变换】面板中的大小图标 ![]，设置【副本】为"1"，单击【应用】按钮，再制一个图形。单击属性栏中的水平镜像图标 ![]，将其水平翻转。按住 Ctrl 键，将其移动到左侧相应位置，如图 4-121 所示。

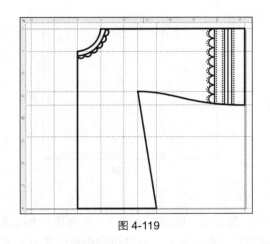 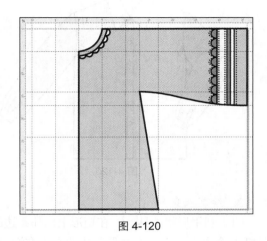

图 4-119　　　　　　　　　　　　　　　图 4-120

8．绘制门襟和扣子。

利用矩形工具▢和椭圆形工具◯，参照中式立领扣子的绘制方法，绘制扣袢和扣子，并为它们填充相应的颜色，完成连身袖款式图的绘制，如图 4-122 所示。

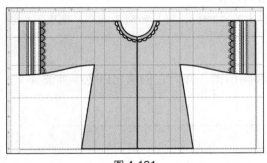 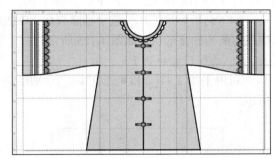

图 4-121　　　　　　　　　　　　　　　图 4-122

4.2.3　平装袖的设计与表现

平装袖的袖窿较大，袖型平坦、松散。男式衬衣袖是典型的平装袖，与连身袖相比，其造型比较贴身、利索，能给人休闲、轻松的审美感受。

通过袖身的长度变化和对袖头的装饰，可以得到许多不同款式的平装袖。由于平装袖多为一片袖，袖头的拼缝多在袖身后背，袖头的设计重点往往也在袖身的后背。因此，在设计和表现平装袖时，要注意选择能反映设计重点的后背或将一只袖子翻折过来，如图 4-123 所示。

1．设置原点和辅助线，绘制外框。

参照 4.1.1 小节的方法设置原点和辅助线。利用矩形工具▢绘制一个矩形，同时单击属性栏中的⟳图标，将其转换为曲线，如图 4-124 所示。

图 4-123

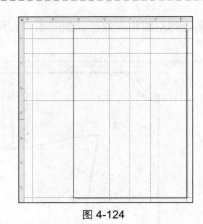

图 4-124

2．绘制衣身。

（1）利用形状工具 ，在矩形上面那条边的相应位置双击，增加 3 个节点，分别是 2 个肩颈点和 1 个中点。矩形上面那条边的左、右端点是肩端点。在矩形左、右两边的相应位置分别增加 2 个节点，作为袖窿深度。

（2）利用形状工具 选中肩端点。按住 Ctrl 键，利用形状工具 将节点向下拖 6cm，形成落肩。

（3）利用形状工具 向下拖曳领口中点，形成领口形状。

（4）利用形状工具 选中袖窿直线，单击属性栏中的 图标，将其转换为曲线。拖曳鼠标使曲线弯曲为袖窿形状，如图 4-125 所示。

3．绘制门襟和领子。

利用手绘工具 和矩形工具 分别绘制领子和明门襟，并为它们填充白色，如图 4-126所示。

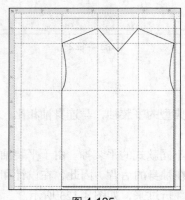

图 4-125

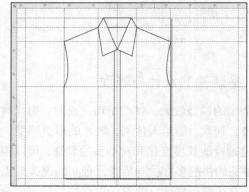

图 4-126

4．绘制袖子。

利用手绘工具 和形状工具 ，参照肩端点、袖子长度、袖口宽度、袖窿深度等绘制一个封闭矩形作为袖子的基本形，在袖口处再绘制一个小矩形作为袖头。选择形状工具 ，将相关线条转换为曲线，并弯曲为袖子形状。绘制袖口处的开衩，如图 4-127 所示。

　　5．绘制扣子。

　　利用椭圆形工具 ，绘制门襟上的扣子和袖口开衩处的扣子，如图 4-128 所示。

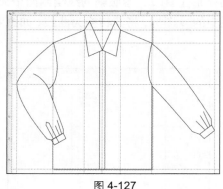

图 4-127

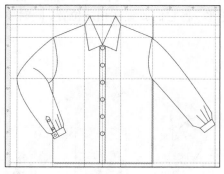

图 4-128

　　6．加粗轮廓。

　　利用选择工具 选中所有图形，设置【轮廓宽度】为"3.5mm"，效果如图 4-129 所示。

　　7．填充颜色。

　　利用选择工具 选中领子图形，单击调色板中的白色，为其填充白色。利用同样的方法，分别为门襟、扣子和袖头填充白色，为衣身和袖子填充灰色，如图 4-130 所示。

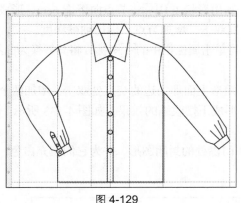

图 4-129

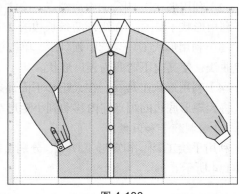

图 4-130

4.2.4　插肩袖的设计与表现

　　插肩袖是由平装袖演变而来的一种袖型，它与平装袖的区别表现在袖窿线的变化，插肩袖的袖窿线被延伸到人体颈部位置，让服装的肩与袖连成一片，从而使袖身显得比较长。插肩袖与平装袖的区别还表现在袖身的合成方式，平装袖多由一个袖片合成，而插肩袖则多由两个或两个以上的袖片合成，这为插肩袖的变化提供了更大的空间。

　　像平装袖一样，通过袖身的长短变化和对袖头的装饰可以得到许多不同款式的插肩袖。此外，改变插肩袖袖窿线的位置、形态，或者对插肩袖袖身的结构线进行进一步加工以改变其装饰效果，或者利用插肩袖袖身的结构变化改变袖身的造型，都可以使插肩袖产生更大的变化，如图 4-131 所示。

1. 设置原点和辅助线，绘制外框。

参照 4.1.1 小节的方法设置原点和辅助线。利用矩形工具▢，参照辅助线绘制两个大小不一的矩形，将它们放置在相应位置，同时单击属性栏中的▢图标，将其转换为曲线，如图 4-132 所示。

图 4-131

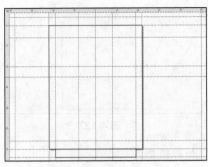

图 4-132

2. 绘制衣身。

（1）利用形状工具⬗，在矩形上面那条边的中心两侧各 8cm 处分别双击，增加两个节点作为肩颈点，矩形上面那条边的端点是肩端点，肩颈点之间的线段是领口线。

（2）利用形状工具⬗选中肩端点。按住 Ctrl 键，利用形状工具⬗将节点向下拖 6cm，形成落肩。利用形状工具⬗，在矩形两条长边的 25cm 处分别双击，增加节点，标记袖窿深度。

（3）利用形状工具⬗选中领口线，单击领口线，再单击属性栏中的▨图标，将其转换为曲线，拖曳曲线，使其向下弯曲为领口形状。

（4）利用形状工具⬗，在大矩形下面那条边与小矩形上面那条边的交点处双击，增加两个节点，将大矩形底边的端点向内移动到小矩形端点处，形成下摆收缩的效果，如图 4-133 所示。

3. 绘制领子和门襟。

利用手绘工具⬔和矩形工具▢，分别绘制领子和门襟处的封闭图形，并为它们填充白色，如图 4-134 所示。

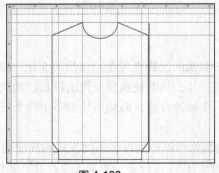

图 4-133

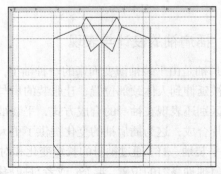

图 4-134

4．绘制袖子。

（1）利用手绘工具，沿着肩颈点、肩端点、袖子长度、袖口宽度、袖窿深度、插肩位置等绘制一个封闭图形，作为袖子。

（2）利用形状工具绘制一个虚线矩形，框住袖子，单击属性栏中的图标，将其转换为曲线。

（3）利用形状工具拖曳相关线条，调整其整体造型。利用虚拟段删除工具删除多余的线段，如图 4-135 所示。

5．绘制扣子。

利用椭圆形工具分别绘制门襟上的扣子和袖口开衩处的扣子，如图 4-136 所示。

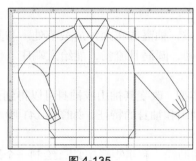
图 4-135

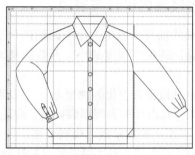
图 4-136

6．绘制罗纹。

利用手绘工具和混合工具分别绘制领子处的罗纹、袖口处的罗纹和下摆处的罗纹，如图 4-137 所示。

7．加粗轮廓。

利用选择工具选中所有图形，设置【轮廓宽度】为"4.0mm"，效果如图 4-138 所示。

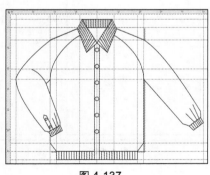
图 4-137

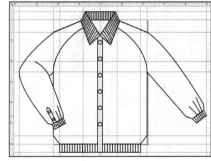
图 4-138

8．填充颜色。

利用选择工具选中衣身图形，单击调色板中的浅灰色，为图形填充浅灰色。利用同样的方法，分别为领子、门襟和扣子填充白色，为下摆和袖头填充深灰色，如图 4-139 所示。

其他常见的插肩袖款式如图 4-140 所示。

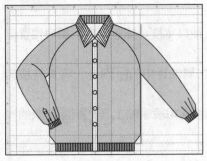

图 4-139

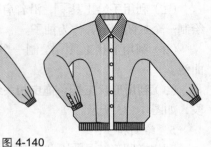

图 4-140

4.2.5　圆装袖的设计与表现

圆装袖的袖身一般由大小不同的两个袖片缝合而成，袖窿线在人体肩关节处。与其他袖型相比，圆装袖的袖窿围度最小。西装袖是典型的圆装袖，圆润且流畅，能给人端庄、优雅的审美感受。

圆装袖是最富有变化的袖型之一。以圆装袖为基本型，改变其袖山或袖身可以得到许多造型新颖的袖型。在设计和表现圆装袖时，应注意刻画出袖山和袖身的特征，如图 4-141 所示。

1. 设置原点和辅助线，绘制外框。

参照 4.1.1 小节的方法设置原点和辅助线。参照辅助线，利用矩形工具 □ 绘制一个矩形，同时单击属性栏中的 ⟳ 图标，将其转换为曲线，如图 4-142 所示。

图 4-141

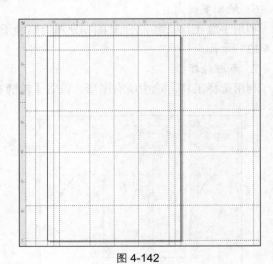

图 4-142

2. 绘制衣身。

（1）利用形状工具 ↖ 在矩形上增加相应节点。利用形状工具 ↖ 移动相关节点，使其形状如图 4-143 所示。

（2）利用形状工具 ↖ 将领口线弯曲为曲线形状。利用手绘工具 ↖ 绘制门襟造型，如图 4-144 所示。

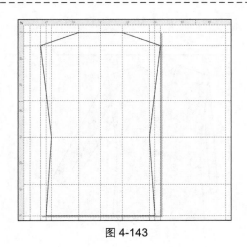

图 4-143

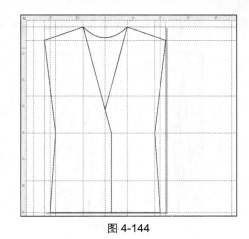

图 4-144

3．绘制袖子。

利用手绘工具，沿着肩端点、腰节点、袖长点、袖口宽度等绘制封闭的袖子形状，同时在袖子内部绘制一条与袖中线平行的直线作为袖接线，如图 4-145 所示。

4．绘制虚线和扣子。

利用手绘工具和形状工具，通过属性栏中的轮廓选项，分别绘制门襟和领口处的虚线。利用椭圆形工具绘制扣子，如图 4-146 所示。

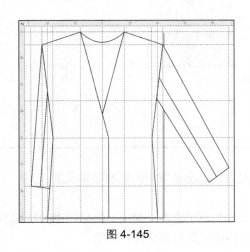

图 4-145

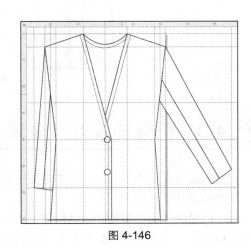

图 4-146

5．加粗轮廓。

利用选择工具绘制一个虚线矩形，框选所有图形（即选中所有图形），设置【轮廓宽度】为"3.5mm"，完成轮廓宽度的设置，效果如图 4-147 所示。

6．填充颜色。

利用选择工具选中衣身图形，单击调色板中的浅灰色，为其填充浅灰色。利用同样的方法，为其他图形填充相应的颜色。双击状态栏中的编辑填充图标，在弹出的对话框中单击渐变填充

图标 ▰，为扣子填充径向渐变，如图 4-148 所示。

图 4-147

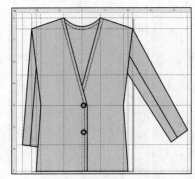

图 4-148

其他常见的圆装袖款式如图 4-149 所示。

图 4-149

4.3 门襟的设计与表现

门襟即服装在前部的开口，它们不仅使服装穿脱方便，也是重要的服装装饰元素。

门襟的设计要点如下。

（1）门襟的结构要与领子的结构相适应。门襟总是与领子连在一起的，如果门襟的结构不能与领子相适应，会给服装的制作带来极大的麻烦，最终也必然会影响设计效果。

（2）被门襟分割的衣片要有合适的比例。合适的比例是人们对服装造型设计的基本要求之一。门襟对衣片有纵向分割的视觉效果，在服装上设计门襟的长短、位置时要注意使被分割的衣片之间保持合适的比例。

（3）门襟的装饰要与服装的整体风格协调。由于门襟一般是处于正前方，所以应用于门襟的装饰手法会对服装的整体风格造成一定影响，如用辑明线的装饰手法会使服装显得粗犷，用包边会使服装显得精致。如果能让应用于门襟的装饰与服装的整体风格协调，那么服装的设计效果会显得更加和谐。

在设计和表现门襟时，必须将门襟的结构和纽扣、扣袢或拉链相融合。下面分别介绍几种封闭门襟的绘制方法。

4.3.1 普通圆纽扣叠门襟的设计与表现

普通圆纽扣叠门襟款式的设计与表现如图 4-150 所示。

1. 设置原点和辅助线，绘制外框。

参照 4.1.1 小节的方法设置原点和辅助线。参考辅助线，利用矩形工具□在适当位置绘制一个矩形，单击属性栏中的⟳图标，将矩形转换为曲线，如图 4-151 所示。

2. 绘制衣身。

利用形状工具⟨⟩在矩形上增加相应节点。利用形状工具⟨⟩将领口的直线转换为曲线，拖曳曲线，使其弯曲为前领口形状。利用形状工具⟨⟩拖曳相关节点，得到衣身形状，如图 4-152 所示。

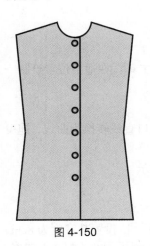
图 4-150

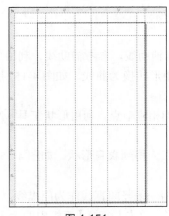
图 4-151

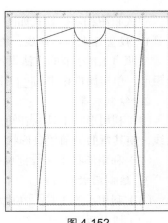
图 4-152

3. 绘制门襟和纽扣。

（1）利用手绘工具⟨⟩在中心线右侧 2cm 处绘制一条竖向直线作为门襟线。

（2）利用椭圆形工具○，按住 Ctrl 键绘制一个圆形，单击【变换】面板中的大小图标⟨⟩，设置其直径为"2cm"，单击【应用】按钮，将其作为第一个扣子；设置【副本】为"1"，再次单击【应用】按钮，在原位再制一个扣子。利用选择工具⟨⟩将其向下移动适当距离，作为第二个扣子。利用同样的方法绘制出其他扣子，如图 4-153 所示。

4. 加粗轮廓。

利用选择工具⟨⟩绘制一个虚线矩形，框选所有图形（选中所有图形），设置【轮廓宽度】为"3.4mm"，效果如图 4-154 所示。

5. 填充颜色。

利用选择工具⟨⟩选中衣身图形，单击调色板中的浅灰色，为其填充浅灰色。双击状态栏中的编辑填充图标⟨⟩，在弹出的对话框中单击渐变填充图标⟨⟩，为扣子填充径向渐变，如图 4-155 所示。

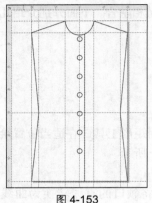

图 4-153

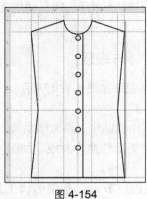

图 4-154

图 4-155

4.3.2　中式布纽扣对襟的设计与表现

中式布纽扣对襟款式如图 4-156 所示。

1. 设置原点和辅助线，绘制外框。

参照 4.1.1 小节的方法设置原点和辅助线。参考辅助线，利用矩形工具 □ 在适当位置绘制一个矩形，单击属性栏中的 ⟳ 图标，将矩形转换为曲线，如图 4-157 所示。

2. 绘制衣身。

（1）利用形状工具 ⟍ 在矩形上增加相应节点。利用形状工具 ⟍ 将领口直线转换为曲线，拖曳曲线，使其弯曲为前领口形状。

（2）利用形状工具 ⟍ 拖曳相关节点，得到衣身形状，如图 4-158 所示。

3. 绘制门襟和纽扣。

（1）利用手绘工具 ⟋ 在中心线绘制一条竖向直线作为门襟线。

（2）利用矩形工具 □ 绘制一个矩形，单击【变换】面板中的大小图标 ⊡，设置其宽度为 8cm、高度为 0.5cm，并在矩形中间绘制一条横向直线。利用椭圆形工具 ○，按住 Ctrl 键绘制一个圆形。单击【变换】面板中的大小图标 ⊡，设置其直径为"1cm"，单击【应用】按钮。利用选择工具 �，将其放置在矩形的中心位置，作为第一个扣子组合，如图 4-159 所示。

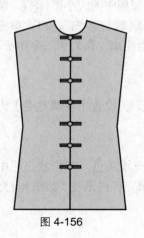

图 4-156

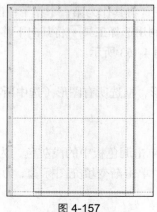

图 4-157

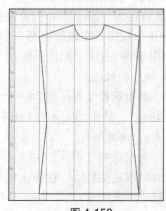

图 4-158

（3）利用选择工具 选中扣子组合，单击属性栏中的组合对象图标 ，将其打组。单击【变换】面板中的大小图标 ，设置【副本】为"1"，单击【应用】按钮，在原位再制一个扣子组合。利用选择工具 将其向下移动适当距离，作为第二个扣子组合。利用同样的方法绘制其他扣子组合，如图 4-160 所示。

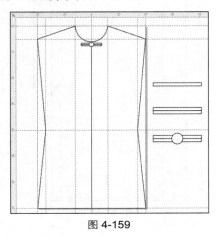

图 4-159

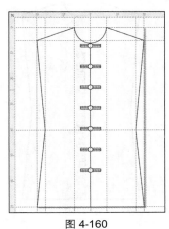

图 4-160

4．加粗轮廓。

利用选择工具 选中衣身图形和门襟线，设置【轮廓宽度】为"3.4mm"。利用同样的方法，设置纽扣的【轮廓宽度】为"2.5mm"，效果如图 4-161 所示。

5．填充颜色。

利用选择工具 选中衣身图形，单击调色板中的浅灰色，为其填充浅灰色。单击属性栏中的取消组合对象图标 ，取消扣子组合，为矩形扣袢填充深灰色。双击状态栏中的编辑填充图标 ，在弹出的对话框中单击渐变填充图标 ，为圆形扣子填充径向渐变，如图 4-162 所示。

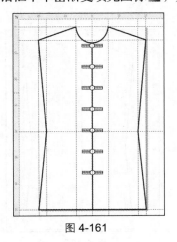

图 4-161

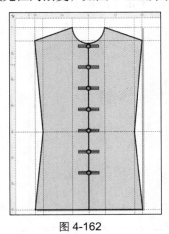

图 4-162

4.3.3　拉链门襟的设计与表现

拉链门襟款式如图 4-163 所示。

1. 设置原点和辅助线，绘制外框。

参照 4.1.1 小节的方法设置原点和辅助线。参考辅助线，利用矩形工具 ▢ 在适当位置绘制一个矩形，单击属性栏中的 ⟲ 图标，将矩形转换为曲线，如图 4-164 所示。

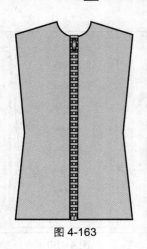

图 4-163

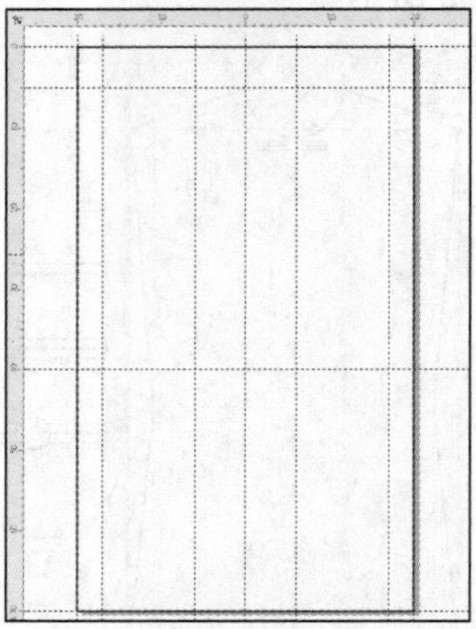

图 4-164

2. 绘制衣身。

（1）利用形状工具 ▶ 在矩形上增加相应节点。利用形状工具 ▶ 将领口直线转换为曲线，拖曳曲线，使其弯曲为前领口形状。

（2）利用形状工具 ▶ 拖曳相关节点，得到衣身形状，如图 4-165 所示。

3. 绘制拉链。

（1）利用矩形工具 ▢ 在衣身中心绘制一个矩形，作为拉链外框，如图 4-166 所示。

（2）利用矩形工具 ▢ 绘制一个矩形，单击【变换】面板中的大小图标 ▣，设置其宽度为 1cm、高度为 0.3cm，单击【应用】按钮。

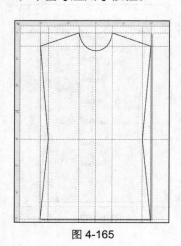

图 4-165

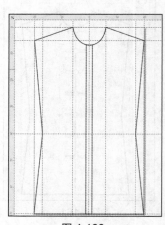

图 4-166

（3）利用选择工具 ▶ 选中该矩形，单击【变换】面板中的大小图标 ▣，设置【副本】为"1"，再制一个矩形，将其移动到原矩形的下方，并与其居中对齐。单击【变换】面板中的大小图标 ▣，将其宽度设置为 0.3cm，单击【应用】按钮。

（4）利用选择工具 ，选中两个矩形，单击属性栏中的组合对象图标 ，将其打组，作为拉链的第一个链齿组，如图 4-167 所示。

（5）单击【变换】面板中的位置图标 ，设置水平距离为"0cm"、垂直距离为"0.6cm"、【副本】为"1"，单击【应用】按钮，再制一个链齿组。利用同样的方法，连续再制链齿组，直到排满门襟线为止。

（6）利用椭圆形工具 绘制拉链的拉手，并将其放置在拉链顶部。利用矩形工具 绘制拉链的下端头，并将其放置在拉链底部，如图 4-168 所示。

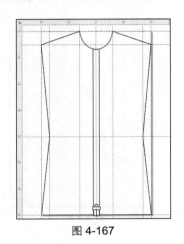

图 4-167

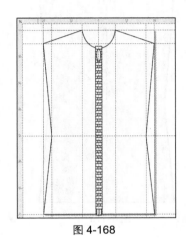

图 4-168

4．加粗轮廓。

利用选择工具 选中除拉链以外的所有图形，设置【轮廓宽度】为"3.4mm"。选中拉链，设置【轮廓宽度】为"1.72mm"，效果如图 4-169 所示。

5．填充颜色。

利用选择工具 选中衣身图形，单击调色板中的浅灰色，为其填充浅灰色。利用同样的方法，为拉链外框填充深灰色，为链齿组填充浅灰色。双击状态栏中的编辑填充图标 ，在弹出的对话框中单击渐变填充图标 ，为拉链拉手填充径向渐变，如图 4-170 所示。

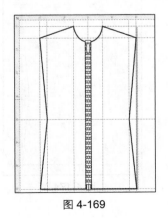

图 4-169

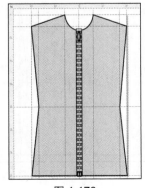

图 4-170

4.3.4　带袢门襟的设计与表现

带袢门襟款式如图 4-171 所示。

1. 设置原点和辅助线，绘制外框。

参照 4.1.1 小节的方法设置原点和辅助线。参照辅助线，利用矩形工具 □ 在适当位置绘制一个矩形。单击属性栏中的 ⟳ 图标，将矩形转换为曲线，如图 4-172 所示。

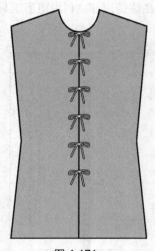

图 4-171

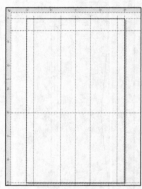

图 4-172

2. 绘制衣身。

（1）利用形状工具 ⬚，在矩形上增加相应节点。利用形状工具 ⬚ 将领口直线转换为曲线，拖曳曲线，使其弯曲为前领口形状。

（2）利用形状工具 ⬚ 拖曳相关节点，得到衣身形状，如图 4-173 所示。

3. 绘制带袢门襟。

（1）利用手绘工具 ⬚ 绘制一条中心线作为门襟线，如图 4-174 所示。

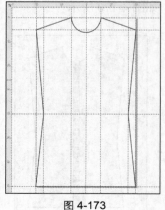

图 4-173

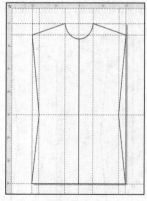

图 4-174

（2）单击艺术笔工具，设置相关属性，如图 4-175 所示，绘制图 4-176 所示的打结带袢，并调整其大小。

图 4-175

（3）单击【变换】面板中的大小图标，设置【副本】为"1"，再复制数个打结带袢，并将它们逐个放置在门襟线上的适当位置，如图 4-177 所示。

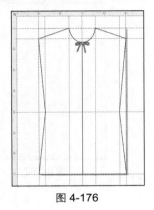

图 4-176

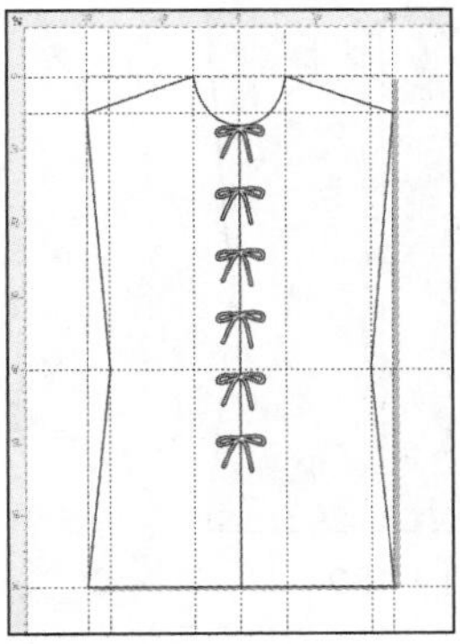

图 4-177

4．加粗轮廓。

利用选择工具，选中除打结带袢以外的所有图形，设置【轮廓宽度】为"3.5mm"。选中打结带袢图形，设置其【轮廓宽度】为"1.72mm"，效果如图 4-178 所示。

5．填充颜色。

利用选择工具选中衣身图形，单击调色板中的浅灰色，为其填充浅灰色。利用同样的方法为带袢扣子填充白色，如图 4-179 所示。

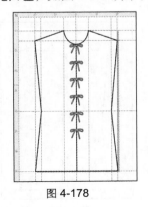

图 4-178

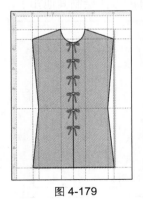

图 4-179

4.3.5　明门襟的设计与表现

明门襟款式如图 4-180 所示。

1. 设置原点和辅助线，绘制外框。

参照 4.1.1 小节的方法设置原点和辅助线。参考辅助线，利用矩形工具 □ 在适当位置绘制一个矩形，单击属性栏中的 ○ 图标，将矩形转换为曲线，如图 4-181 所示。

2. 绘制衣身。

（1）利用形状工具 ↖ 在矩形上增加相应节点。利用形状工具 ↖ 将领口直线转换为曲线，拖曳曲线，使其弯曲为前领口形状。

（2）利用形状工具 ↖ 拖曳相关节点，得到衣身形状，如图 4-182 所示。

图 4-180

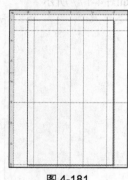

图 4-181

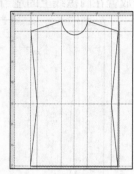

图 4-182

3. 绘制门襟和纽扣。

（1）利用矩形工具 □ 在衣身中心线处绘制一个竖向矩形，作为明门襟。

（2）利用椭圆形工具 ○，按住 Ctrl 键绘制一个圆形。单击【变换】面板中的大小图标 ⬚，设置其直径为"1.5cm"，单击【应用】按钮。利用选择工具 ▸ 将其放置在矩形顶部的中心位置，作为第一个扣子，如图 4-183 所示。

（3）利用选择工具 ▸ 选中扣子，单击【变换】面板中的大小图标 ⬚，设置【副本】为"1"，单击【应用】按钮，在原位再制一个扣子，利用选择工具 ▸ 将其向下移动适当距离，作为第二个扣子。利用同样的方法绘制其他扣子，如图 4-184 所示。

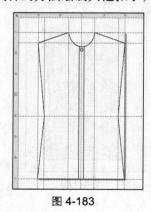

图 4-183

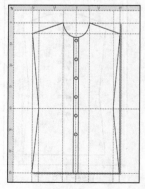

图 4-184

4. 加粗轮廓。

利用选择工具 ▸ 选中衣身图形和门襟图形，设置【轮廓宽度】为"3.5mm"。利用同样的方法，设置纽扣的【轮廓宽度】为"2.5mm"，效果如图 4-185 所示。

5. 填充颜色。

利用选择工具选中衣身图形，单击调色板中的浅灰色，为其填充浅灰色。利用同样的方法为矩形门襟填充深灰色。双击状态栏中的编辑填充图标，在弹出的对话框中单击渐变填充图标，为圆形扣子填充径向渐变，如图 4-186 所示。

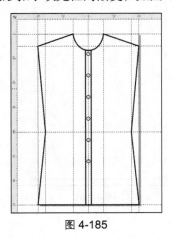

图 4-185

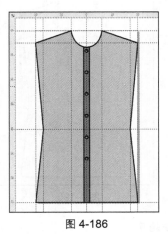

图 4-186

4.3.6 暗门襟的设计与表现

暗门襟款式如图 4-187 所示。

1. 设置原点和辅助线，绘制外框。

参照 4.1.1 小节的方法设置原点和辅助线。参考辅助线，利用矩形工具在适当位置绘制一个矩形，单击属性栏中的图标，将矩形转换为曲线，如图 4-188 所示。

2. 绘制衣身。

（1）利用形状工具在矩形上增加相应节点。利用形状工具将领口直线转换为曲线，拖曳曲线，使其弯曲为前领口形状。

（2）利用形状工具拖曳相关节点，得到衣身形状，如图 4-189 所示。

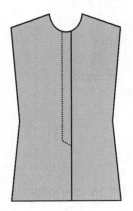

图 4-187

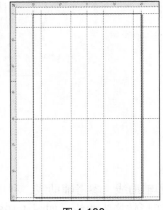

图 4-188

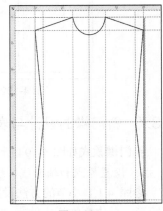

图 4-189

3. 绘制门襟和纽扣。

（1）利用手绘工具 在中心线右侧绘制一条竖向直线作为门襟线，如图 4-190 所示。

（2）利用手绘工具 ，通过属性栏中的轮廓选项，绘制暗门襟的虚线，如图 4-191 所示。

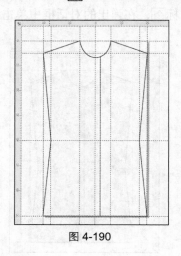

图 4-190   图 4-191

4. 加粗轮廓。

利用选择工具 选中衣身图形和门襟线，设置【轮廓宽度】为 "3.5mm"，效果如图 4-192 所示。

5. 填充颜色。

利用选择工具 选中衣身图形，单击调色板中的浅灰色，为其填充浅灰色，如图 4-193 所示。

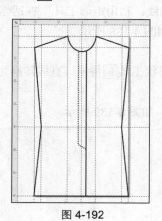
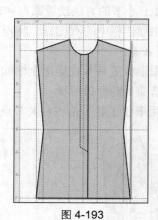

图 4-192   图 4-193

4.3.7 斜门襟的设计与表现

斜门襟款式如图 4-194 所示。

1. 设置原点和辅助线，绘制外框。

参照 4.1.1 小节的方法设置原点和辅助线。参考辅助线，利用矩形工具 在适当位置绘制一个矩形，单击属性栏中的 图标，将矩形转换为曲线，如图 4-195 所示。

2. 绘制衣身。

（1）利用形状工具 在矩形上增加相应节点。利用形状工具 将领口直线转换为曲线，拖曳曲线，使其弯曲为前领口形状。

（2）利用形状工具 拖曳相关节点，得到衣身形状，如图 4-196 所示。

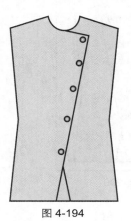

图 4-194

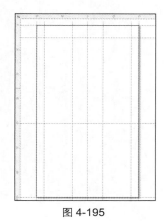

图 4-195

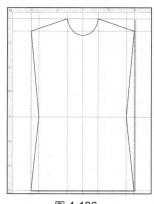

图 4-196

3. 绘制门襟和纽扣。

（1）利用手绘工具 绘制斜门襟，如图 4-197 所示。

（2）利用椭圆形工具 ，按住 Ctrl 键绘制一个圆形。单击【变换】面板中的大小图标 ，将其直径设置为 "2cm"，单击【应用】按钮。利用选择工具 将其放置在斜门襟的顶部，作为第一个扣子。

（3）利用选择工具 选中扣子，单击【变换】面板中的大小图标 ，设置【副本】为 "1"，单击【应用】按钮，在原位再制一个扣子。利用选择工具 将其向左下方移动适当距离，作为第二个扣子。利用同样的方法绘制其他扣子，如图 4-198 所示。

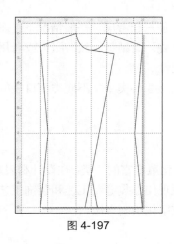

图 4-197

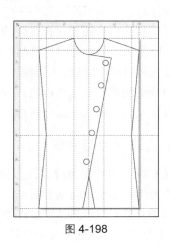

图 4-198

4. 加粗轮廓。

利用选择工具 选中所有图形，设置【轮廓宽度】为 "3.5mm"，效果如图 4-199 所示。

5. 填充颜色。

利用选择工具选中衣身图形，单击调色板中的浅灰色，为其填充浅灰色。双击状态栏中的编辑填充图标，在弹出的对话框中单击渐变填充图标，为圆形扣子填充径向渐变，如图 4-200 所示。

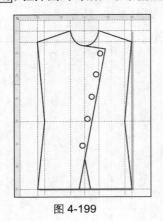

图 4-199

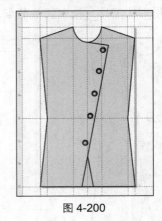

图 4-200

4.4 口袋的设计与表现

口袋在服装设计中运用得很广泛，它不仅能提高服装的实用性，也是装饰服装的重要元素。口袋的设计要点如下。

（1）方便实用。具有实用性的口袋一般都是用来放置小型物品的。因此，口袋的朝向、位置和大小都很重要。

（2）保证整体的协调。口袋的大小和位置都可能与服装的相应部位产生对比关系。因此，设计口袋时要注意使其与服装相应部位的大小、位置协调。运用于口袋的装饰手法有很多，在对口袋做装饰设计时，所采用的装饰手法也要与整体风格协调。

另外，口袋的设计还要结合服装的功能要求和材料特征一起考虑。一般情况下，表演服、专业运动服，以及用柔软、透明材料制作的服装无须设计口袋，而制服、旅游服，或者用粗厚材料制作的服装则可以设计口袋，以增强它们的实用性和美观性。

根据口袋的结构特征，可以将其分为贴袋、挖袋和插袋 3 种类型。不同类型口袋的设计和表现方法会有较大的不同，下面分别对其进行介绍。

4.4.1 贴袋的设计与表现

贴袋是贴缝在服装表面的口袋，是所有口袋类型中变化最丰富的一类。在设计和表现贴袋时，除了要准确地绘制出贴袋的基本形态以外，还要准确地表现出贴袋缝制工艺和装饰工艺的特征。

下面以图 4-201 所示的贴袋款式为例，讲解贴袋的数字化绘制方法。

1. 设置原点和辅助线，绘制外框。

参照 4.1.1 小节的方法设置原点和辅助线。参照辅助线，利用矩形工具在适当位置绘制一个宽度为 15cm、高度为 17cm 的矩形，如图 4-202 所示。

2. 绘制外形。

利用形状工具 选中矩形，单击属性栏中的 图标，将其转换为曲线。利用形状工具 在矩形底边中点处双击，增加一个节点。将底边两端的节点向上移动 2cm，形成贴袋底边造型。将矩形上面那条边的两个端点分别向内移动 1cm，形成口袋造型，如图 4-203 所示。

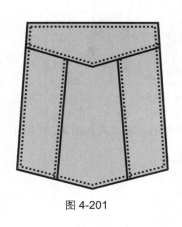

图 4-201

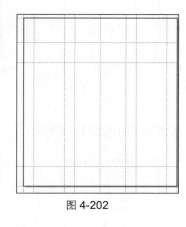

图 4-202

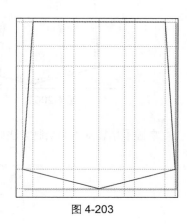

图 4-203

3. 绘制内部分割线。

利用手绘工具 绘制内部的分割线条，效果如图 4-204 所示。

4. 绘制明线。

利用手绘工具 绘制明线，同时通过属性栏中的轮廓选项，将其线型设置为虚线，如图 4-205 所示。

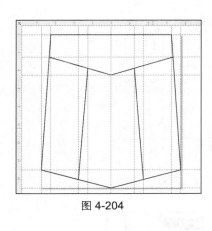

图 4-204

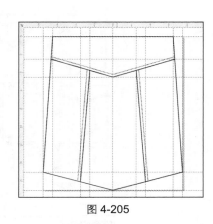

图 4-205

5. 加粗轮廓。

利用选择工具 选中所有图形，设置【轮廓宽度】为 "3.5mm"，以加粗轮廓线，效果如图 4-206 所示。

6. 填充颜色。

利用选择工具 选中口袋图形，单击调色板中的深灰色，为其填充深灰色，如图 4-207 所示。

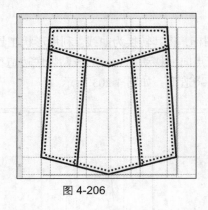

图 4-206

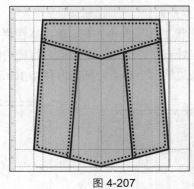

图 4-207

掌握了贴袋基本的绘制方法后，就可以自由地进行贴袋设计了。常见的贴袋款式如图 4-208 所示。

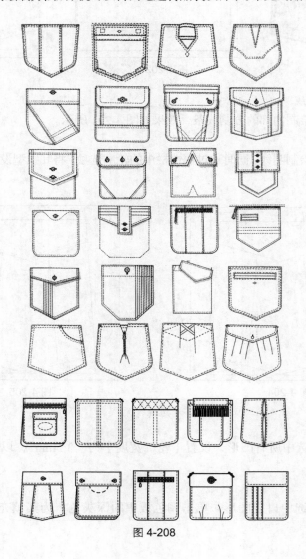

图 4-208

4.4.2 挖袋的设计与表现

挖袋的袋口在服装的表面，而袋却藏在服装的里层。挖袋的袋口可以显露，也可以用袋盖遮住。

挖袋的造型变化比贴袋的简单，重点在袋口或袋盖的装饰，因此，在设计和表现挖袋时，关键是要绘制好挖袋的袋口或袋盖的基本形态，以及其缝制工艺和装饰袋口、袋盖的工艺的特征。

绘制挖袋的一般步骤：先绘制出一定形状和大小的挖袋袋口，然后绘制挖袋袋口的缝纫线，最后用虚线表现挖袋袋布的形状与大小，如图 4-209 所示。下面讲解挖袋的数字化绘制方法。

图 4-209

1. 设置原点和辅助线，绘制虚线袋布。

（1）参照 4.1.1 小节的方法设置原点和辅助线。参照辅助线，利用矩形工具 ▢ 在适当位置绘制一个宽度为 20cm、高度为 22cm 的矩形，单击属性栏中的 ⟳ 图标，将矩形转换为曲线，如图 4-210 所示。

（2）利用形状工具 ⟩ 将矩形上面那条边的两个端点向内移动 1cm。在袋布下部两侧 20cm 处双击分别增加一个节点，将下面那条边两侧的节点向内移动 1cm，单击属性栏中的 ⟩ 图标，将左右两条直线转换为曲线，并将它们分别弯曲为指定形状。通过属性栏中的轮廓选项，将其设置为虚线，如图 4-211 所示。

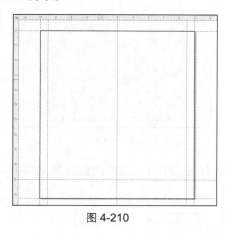

图 4-210

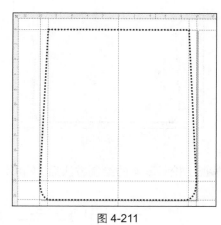

图 4-211

2. 绘制袋口。

利用矩形工具 ▢ 在袋布上部绘制一个宽度为 15cm、高度为 1.5cm 的矩形。利用手绘工具 ⟩ 在矩形中间绘制一条横向直线，如图 4-212 所示。

3. 绘制袋口虚线。

利用矩形工具 ▢ 在袋口外围绘制一个矩形，设置其线型为虚线，如图 4-213 所示。

4. 加粗轮廓。

利用选择工具 ⟩ 选中所有虚线图形，设置【轮廓宽度】为"2.5mm"。利用同样的方法，设置袋口的【轮廓宽度】为"3.5mm"，效果如图 4-214 所示。

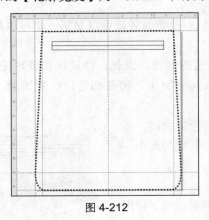

图 4-212

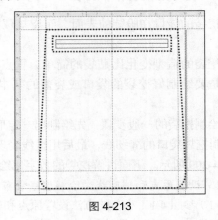

图 4-213

5. 填充颜色。

利用选择工具 _N 选中袋布图形，单击调色板中的浅灰色，为其填充浅灰色。利用同样的方法为袋口图形填充白色，如图 4-215 所示。

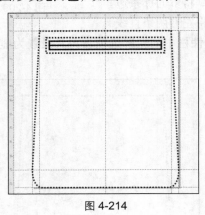

图 4-214

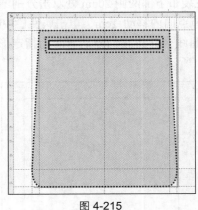

图 4-215

掌握了挖袋基本的绘制方法后，就可以自由地进行挖袋设计了。常见的挖袋款式如图 4-216 所示。

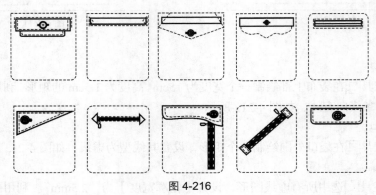

图 4-216

4.4.3 插袋的设计与表现

将衣片的缝作为袋口形成的口袋称为插袋。插袋的袋口比较隐蔽，是口袋中造型变化最少的一类。插袋的绘制方法很简单，关键是要注意利用袋口两头的封口来表现袋的位置与大小。

绘制插袋的一般步骤：先在服装缝合线的适当位置用封口形式表现袋的位置与大小，然后用缝纫线加固袋口，如图 4-217 所示。下面介绍插袋的数字化绘制方法。

1. 设置原点和辅助线，绘制服装的基本形状。

参照 4.1.1 小节的方法设置原点和辅助线。参照辅助线，利用手绘工具 、形状工具 和椭圆形工具 绘制上衣和短裤的基本形状，如图 4-218 所示。

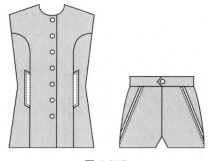

图 4-217

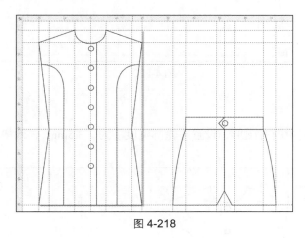

图 4-218

2. 绘制袋口。

利用手绘工具 绘制上衣插袋的袋口和短裤插袋的袋口，如图 4-219 所示。

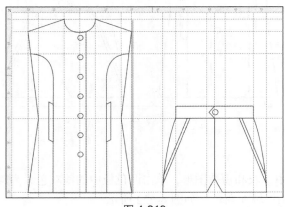

图 4-219

3. 绘制袋口虚线。

利用手绘工具 绘制插袋的相关明线，通过属性栏中的轮廓选项，将其设置为虚线，如图 4-220 所示。

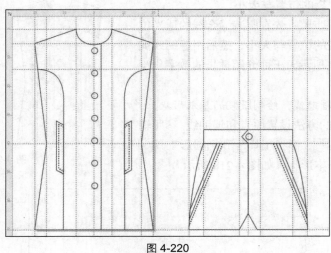

图 4-220

4. 加粗轮廓。

利用选择工具 选中所有图形，设置【轮廓宽度】为"3.5mm"，效果如图 4-221 所示。

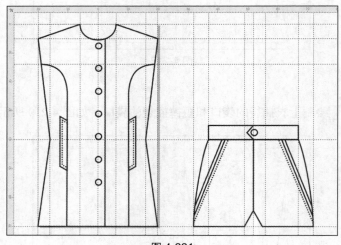

图 4-221

5. 填充颜色。

利用选择工具 选中上衣和短裤图形，单击调色板中的浅灰色，为其填充浅灰色。利用同样的方法，为扣子和袋口图形填充白色，如图 4-222 所示。

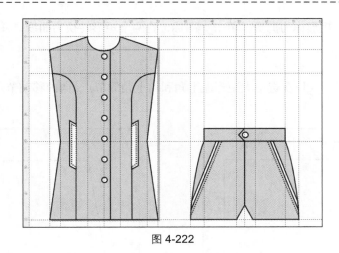

图 4-222

掌握了插袋基本的绘制方法后，就可以自由地进行插袋设计了。常见的插袋款式如图 4-223 所示。

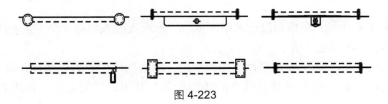

图 4-223

  ## 4.5　腰头的设计与表现

腰头有收缩腰部的功能，通常是设计裙子和裤子时的重点。

腰头的设计要点如下。

（1）在设计腰头时，应尽可能多地运用流行元素。腰头的造型和装饰手法如果能跟上流行趋势，会大大提高产品的附加价值。

（2）腰头的造型和装饰手法要与衣身的整体风格一致。让腰头的造型和装饰手法与衣身的整体风格相协调，是实现服装整体协调的重要原则之一。

在设计和表现腰头时，不仅要体现出腰头的造型特征，还要将与腰头相连的裙片或裤片的结构交代清楚。下面介绍两种腰头的设计与表现方法。

4.5.1　西裤腰头的设计与表现

西裤腰头款式如图 4-224 所示。

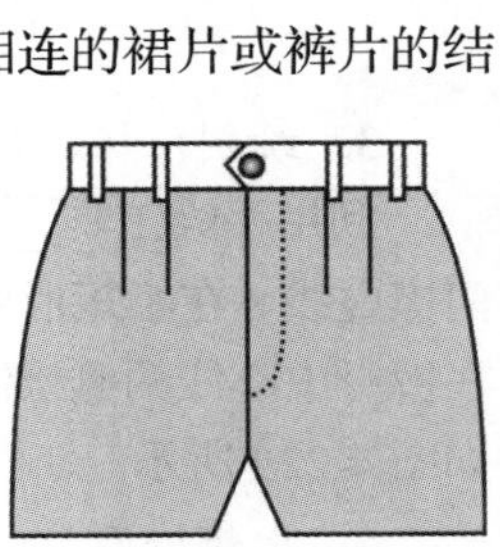

1. 设置原点和辅助线，绘制外框。

参照 4.1.1 小节的方法设置原点和辅助线。参照辅助线，利用矩形工具绘制一个宽为 30cm、高为 4cm 的矩形，作为裤腰。绘制一个宽为

图 4-224

40cm、高为 30cm 的矩形作为裤身。单击 ⟳ 图标，将两个矩形转换为曲线，并将两个矩形居中对齐，如图 4-225 所示。

2. 绘制裤身。

（1）利用形状工具 ⟨↖⟩ 依次选中大矩形左上角和右上角的节点，向内移动节点至与小矩形对齐，如图 4-226 所示。

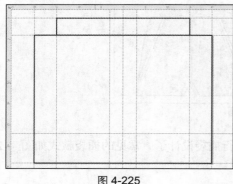

图 4-225

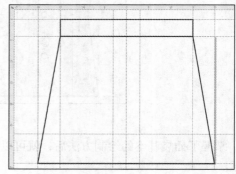

图 4-226

（2）利用形状工具 ⟨↖⟩，在梯形底边的中间部位，参照辅助线增加 3 个节点。向上移动中间的节点，得到裆部，如图 4-227 所示。

（3）利用形状工具 ⟨↖⟩ 选中大矩形左面的那条边，单击属性栏中的 ⟨↜⟩ 图标，将其转换为曲线。拖曳左面那条边的上部，使其更符合裤身的曲线造型。利用同样的方法，修改右面那条边，如图 4-228 所示。

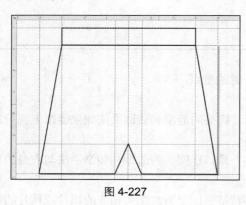

图 4-227

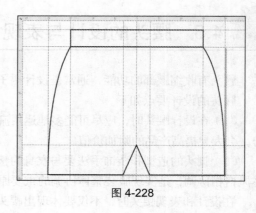

图 4-228

3. 绘制门襟、褶线、腰带袢等。

利用手绘工具 ⟨↘⟩ 在裤身中心处绘制一条竖向直线，作为门襟开口线。在门襟开口线右侧绘制门襟虚线。在小矩形中部绘制裤腰搭门。利用椭圆形工具 ⟨○⟩ 绘制搭门处的纽扣。利用手绘工具 ⟨↘⟩ 在裤身中心线两侧绘制 4 条褶线。利用矩形工具 ⟨□⟩，在裤腰上绘制 4 个竖向小矩形作为腰带袢，如图 4-229 所示。

4. 加粗轮廓。

利用选择工具 ⟨▸⟩ 选中所有图形，设置【轮廓宽度】为"3.5mm"，效果如图 4-230 所示。

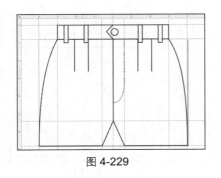

图 4-229

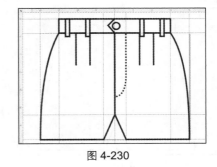

图 4-230

5. 填充颜色。

利用选择工具 选中裤身图形，单击调色板中的深灰色，为其填充深灰色。利用同样的方法，为裤腰填充白色。双击状态栏中的编辑填充图标 ，在弹出的对话框中单击渐变填充图标 ，为扣子填充径向渐变，如图 4-231 所示。

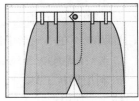

图 4-231

4.5.2 绳带抽缩腰头的设计与表现

绳带抽缩腰头款式如图 4-232 所示。

1. 设置原点和辅助线，绘制外框。

参照 4.1.1 小节的方法设置原点和辅助线。参照辅助线，利用矩形工具 绘制一个宽为 30cm、高为 4cm 的矩形作为裤腰，再绘制一个宽为 40cm、高为 30cm 的矩形作为裤身。单击属性栏中的 图标，将其转换为曲线，并将两个矩形居中对齐，如图 4-233 所示。

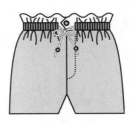

图 4-232

2. 绘制裤身。

（1）利用形状工具 选中大矩形左上角和右上角的节点，向内移动节点至与小矩形对齐，如图 4-234 所示。

（2）利用形状工具 ，在梯形底边的中间部位参照辅助线增加 3 个节点。向上移动中间的节点，得到裆部，如图 4-235 所示。

（3）利用形状工具 选中大矩形左面的那条边，单击属性栏中的 图标，将其转换为曲线。拖曳左面那条边的上部，使其更符合裤身的造型。利用同样的方法，修改右面的那条边，如图 4-236 所示。

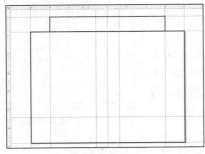

图 4-233

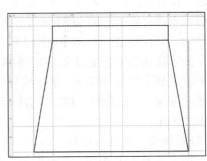

图 4-234

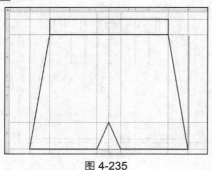

图 4-235

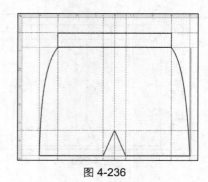

图 4-236

3. 绘制门襟。

利用手绘工具 在裤身中心处绘制一条竖向直线，作为门襟开口线。在门襟开口线右侧绘制门襟明线。在小矩形中部绘制裤腰搭门，如图 4-237 所示。

4. 绘制腰头和绳带。

利用形状工具 ，将小矩形左上角和右上角的两个节点分别向外移动适当距离。在裤腰的上口线上，利用形状工具 连续双击，为上口线增加若干节点，同时选中裤腰上口线上的所有节点，单击属性栏中的 图标，将裤腰上口线转换为曲线。利用形状工具 逐个拖曳节点之间的线段，使它们弯曲为图 4-238 所示的形状。

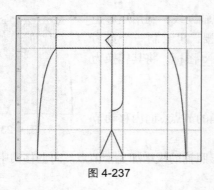

图 4-237

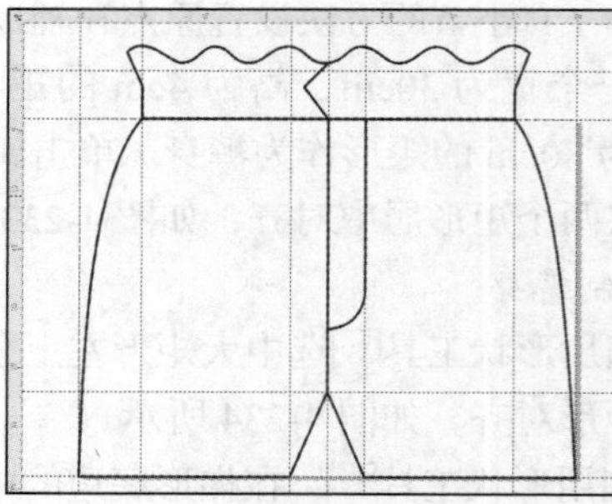

图 4-238

5. 绘制抽褶线等。

（1）利用矩形工具 和手绘工具 绘制绳带穿口，并表现出抽褶形态。在表现抽褶形态时，只需绘制一条竖向直线，将其选中，单击【变换】面板中的位置图标 ，设置水平距离为"0.5cm"、垂直距离为"0cm"，连续单击【应用】按钮即可。

（2）为了让抽褶形态更逼真，需要绘制抽褶线。利用手绘工具 和形状工具 绘制抽褶线。抽褶线有多条，只需绘制出其中一条，通过再制、镜像翻转、移动位置即可得到其他抽褶线，效果如图 4-239 所示。

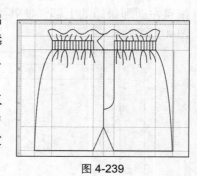

图 4-239

6. 绘制绳带、圆珠和纽扣。

（1）单击艺术笔工具 ，设置相关属性，如图 4-240 所示，然后绘制绳带。

（2）利用椭圆形工具 绘制绳带上的圆珠和搭门处的纽扣，效果如图 4-241 所示。

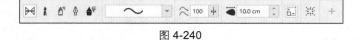

图 4-240

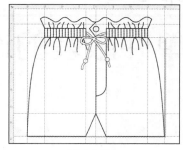

图 4-241

7. 修饰轮廓。

利用选择工具 ，选中除绳带以外的所有图形，设置【轮廓宽度】为 "3.5mm"。单独选中门襟明线，将其设置为虚线。单独选中绳带，设置绳带的宽度为 "2.5mm"，效果如图 4-242 所示。

8. 填充颜色。

利用选择工具 选中裤身图形，单击调色板中的浅灰色，为其填充浅灰色。利用同样的方法，为裤腰上的抽褶填充深灰色。双击状态栏中的编辑填充图标 ，在弹出的对话框中单击渐变填充图标 ，为圆形扣子和绳带上的圆珠填充径向渐变，如图 4-243 所示。

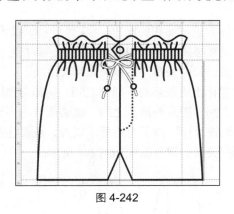

图 4-242

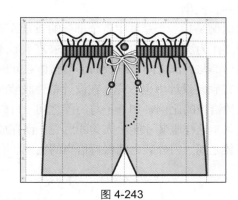

图 4-243

第 5 章
单件服装的设计与表现

第4章介绍了服装各局部的设计与表现方法,为本章学习单件服装的设计与表现打下了基础。在正式学习单件服装的设计与表现之前,还需要对服装的形式美法则和廓型有所了解。

 ## 5.1　服装款式设计中的形式美法则

形式美法则是造型艺术设计的基本法则,为了进一步提高服装设计水平,设计师必须掌握造型美的基本形式法则。

一、比例

比例是指一个总体中各个部分的数量或面积占总体数量或面积的比重。在造型艺术的创作活动中,作为法则之一的"比例"要求艺术形式内部的关系必须符合人们的审美要求,即在艺术形式的局部与局部之间,以及局部与整体之间的面积关系、长度关系、体积关系都要恰当。

在服装设计中也一样。在设计单件服装时,要注意让组成服装的各局部之间、局部与整体之间保持恰当的比例,如领子与门襟之间、口袋与衣片之间、腰头与裤片之间,都必须有适当的比例关系,这样服装才能给人美的感受。而在成套的服装设计中,除了上述要求以外,还要注意让上下装之间、内外装之间保持恰当的比例。有恰当比例关系的裙子款式如图5-1所示。

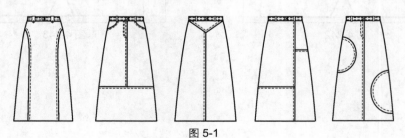

图 5-1

二、平衡

平衡是指对立的各方在数量或质量上相等或相抵之后呈现的一种静止状态。在造型艺术的创作活动中,作为法则之一的"平衡"要求在艺术形式中将不同元素组合后必须给人平稳、安定的美感。

服装的平衡美是通过服装中各造型元素的适当配合表现出来的。当服装中的造型元素呈对称形式放置时，服装会呈现出简单、稳重的平衡美，如图 5-2 所示。

当服装中的造型元素呈非对称形式放置且能保持整体平衡时，服装会呈现出多变、生动的平衡美，如图 5-3 所示。因此，设计师应结合设计要求，适当且灵活地组织服装中的各种元素，让这些元素为服装带来需要的平衡美。

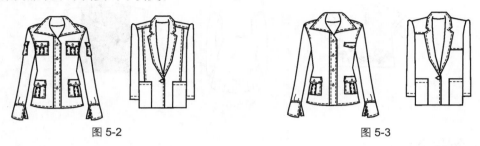

图 5-2　　　　　　　　　　　　　　　　　　　　　　　图 5-3

三、呼应

呼应是指事物之间互相照应的一种形式。在造型艺术的创作活动中，作为法则之一的"呼应"要求在艺术形式中相关元素之间有适当的联系，以便表现艺术形式内部的整体协调美。

服装的整体协调美是通过相关元素外在形式的相互呼应或内在风格的相互呼应产生的。例如，用相同的色彩、相同的图案或相同的材料装饰服装的不同部位就可以在服装的色彩、图案或材料等设计元素之间产生协调美，或让一套服装中的各个单品都保持统一的风格，也能使服装呈现出整体协调美，如图 5-4 所示。

四、节奏

节奏是指有秩序的、不断反复的运动形式。在造型艺术的创作活动中，作为法则之一的"节奏"要求在艺术形式中设计元素的变化要有一定的规律，使观者在观赏过程中享受到这种规律带来的美感。

服装的节奏美是通过某设计元素在一件或一套服装中反复出现表现出来的。例如，相同或相似的线、相同或相似的面、相同或相似的色彩、相同或相似的材料等都可以使服装产生有秩序的节奏美，如图 5-5 所示。

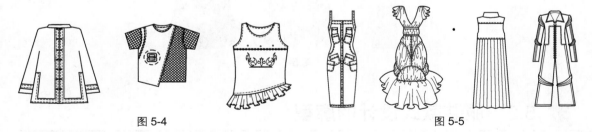

图 5-4　　　　　　　　　　　　　　　　　　　　　　　图 5-5

五、主次

主次是指事物中各组合元素之间的关系。在造型艺术的创作活动中，作为法则之一的"主次"是指艺术形式中各元素之间的关系不能是平等的，必须有主要部分和次要部分的区别，主要部分在变化中起统领作用，而次要部分的变化必须服从主要部分的变化，对主要部分起陪衬或烘托作用。只有艺术形式中各元素的主次关系明了，设计风格才能体现出来。

构成服装的元素有很多，如点、线、面、色彩、图案等，在运用这些元素设计某一件服装时，要注意处理好这件服装中这些元素之间的主次关系。服装中起主导作用的元素突出了，服装也就有了鲜明的个性或风格，如图5-6所示。

图 5-6

六、多样与统一

多样与统一使人们产生了既不爱呆板、又不爱杂乱的审美心理。在造型艺术的创作活动中，作为法则之一的"多样与统一"是对比例、平衡、呼应、节奏、主次的集中概括，它要求艺术作品的形式既要丰富多样，又要和谐统一，如图5-7所示。

图 5-7

5.2 服装款式设计的廓型

服装的廓型即服装的轮廓造型，它的变化对服装的整体形态起决定性的作用。廓型相同的服装，如中山装、学生装、军便装等，即使其领、门襟、口袋、腰头等局部样式不同，它们之间的差异也不会让人一眼就看出来；而廓型不同的服装，如长裤、中裤、短裤等，即使其腰头、门襟、口袋等局部样式相同，它们之间的差异也会让人一眼就看出来。因此，在服装的款式设计中要特别重视对廓型的处理。

5.2.1 廓型的种类

单件服装的外形主要有 H、A、V、S 这 4 种基本形态。这 4 种基本形态除了在样式上有明显不同以外，给人的审美感受也是不同的。

（1）H 形。廓型为 H 形的服装其肩、腰、臀围或下摆的宽度基本相等，如直筒衫、直筒裙、直筒裤等。廓型为 H 形的服装具有质朴、简洁的审美效果，如图 5-8 所示。

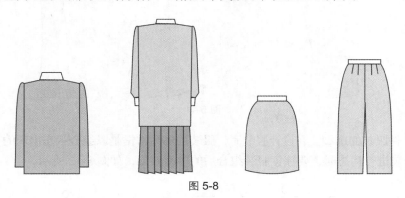

图 5-8

（2）A 形。廓型为 A 形的服装上窄下宽，如衬衣、公主裙、喇叭裙、大喇叭裤等。廓型为 A 形的服装具有活泼、潇洒的审美效果，如图 5-9 所示。

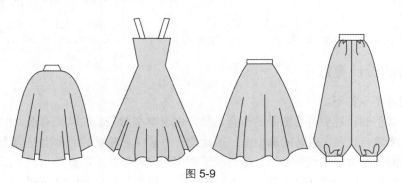

图 5-9

（3）V 形。廓型为 V 形的服装上宽下窄，如夹克、连衣裙等。廓型为 V 形的服装具有俊美、豪迈的审美效果，如图 5-10 所示。

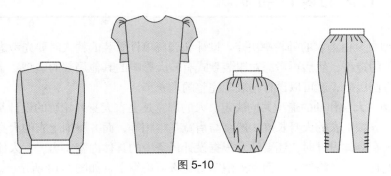

图 5-10

（4）S形。廓型为S形的服装外轮廓与人体本身的曲线比较吻合，如旗袍、小喇叭裤等。廓型为S形的服装具有温和、典雅、端庄的审美效果，如图 5-11 所示。

图 5-11

以上是单件服装的廓型。在设计服装时，服装的廓型常常是以组合状态出现的，因此，在对服装的整体着装进行构思时，要注意服装组合后的廓型效果，如图 5-12 所示。

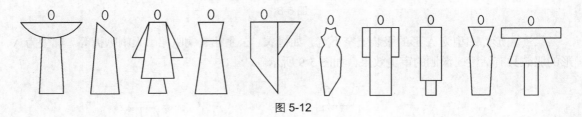

图 5-12

5.2.2　廓型的设计要点

廓型的设计要点如下。

（1）服装廓型的设计要符合服装的流行趋势。由于廓型对服装的款式有很大的影响，服装款式的流行特点常常会表现在服装的廓型上，因此设计时应注意使服装的廓型符合流行趋势。

（2）廓型的设计要保证整体协调。单件服装廓型的设计要注意保证长与宽、局部与局部的比例协调。组合服装廓型的设计要注意保证上装与下装、内衣与外衣的比例协调。

 ## 5.3　上衣的设计与表现

上衣的廓型主要由上衣的外轮廓决定，设计和表现单件服装的款式时要先考虑对服装外轮廓影响最大的部位的造型，然后再考虑对服装款式有较大影响的其他局部的造型。掌握了上衣廓型的设计与表现方法以后，就可以设计与表现完整的上衣了。

上衣的廓型由大身和袖的造型共同决定。人的肩宽是上衣大身外轮廓的设计基础，如以成人的肩宽为标准，齐腰上衣的大身长度一般会与肩宽基本相等，而齐臀围上衣的大身长度则一般是肩宽的 1.5 倍。在具体设计时，还要注意根据设计任务中的具体内容将男、女人体的特点表现出来，如男人肩宽臀窄腰节略靠下，而女人肩窄臀宽腰节略靠上，如图 5-13 所示。

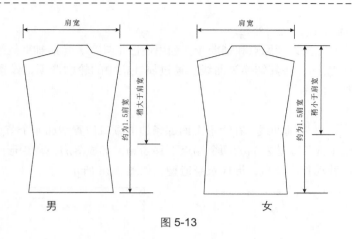

图 5-13

一般情况下，在设计和表现上衣的款式时，首先要依照人体躯干部位的比例设计好上衣大轮廓的基本廓型，然后再考虑影响上衣款式的领和袖的造型，最后将上衣的其他局部设计并表现好。

设计领的时候，要注意把握好领口的宽度，设计得太宽或太窄都会让人看起来不舒服。在表现领的结构时，要处理好领面、领座和服装肩线之间的关系。

袖的造型对上装的廓型有较大影响。因此，设计袖的时候要随时注意让袖的造型与大身的造型保持协调。设计圆装袖可以用垂放的形态，设计连身袖、平装袖和插肩袖最好将袖打开放置，以便充分表现这些袖的造型特征。

设计完上衣的廓型、领型和袖型以后，还要进一步推敲上衣的细节部分。服装的缝合方式、连接方式、装饰方式和装饰图案的纹样等都会对服装的整体造型和风格产生很大影响，设计时应该尽可能将它们的特点细致地表现出来。由于款式图多为正面平放的形式，如果这些细节部分在服装的侧面，为了充分表现它们的特点，可以用"局部打开"的形式将它们画出来。

上衣可以分为衬衣、西装上衣、夹克、猎装上衣、中西式上衣、牛仔上衣、旗袍、大衣等。下面对不同类型上衣的设计和表现方法分别进行介绍。

5.3.1　衬衣的设计与表现

衬衣款式如图 5-14 所示。

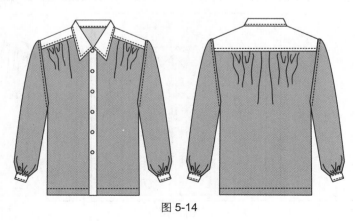

图 5-14

1. 设置原点和辅助线，绘制外框。

参照 4.1.1 小节的方法设置原点和辅助线。利用矩形工具 ▢，参照辅助线绘制一个矩形。同时单击属性栏中的 ◎ 图标，将其转换为曲线。通过属性栏中的轮廓选项，设置【轮廓宽度】为"3.5mm"，效果如图 5-15 所示。

2. 绘制衣身轮廓。

利用形状工具 ▸，参照辅助线，在矩形上面那条边的领口位置增加 4 个节点。移动节点，形成领座造型。将矩形上面那条边左右的两个端点下移 5cm，形成落肩。在矩形两条长边中间增加两个节点，分别向内移动相应节点，形成衣身造型，如图 5-16 所示。

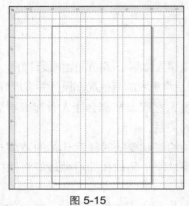

图 5-15

图 5-16

3. 绘制领子、门襟、分割线和扣子。

绘制领子的方法参考 4.1 节，绘制门襟的方法参考 4.3 节。利用手绘工具 ▸ 绘制过肩分割线。利用椭圆形工具 ◯ 绘制扣子，如图 5-17 所示。

4. 绘制袖子。

利用手绘工具 ▸ 和形状工具 ▸ 分别绘制袖筒和袖头，如图 5-18 所示。

5. 绘制褶皱线和虚线。

利用手绘工具 ▸ 和形状工具 ▸ 分别绘制肩部褶皱线和袖口处的褶皱线。利用手绘工具 ▸，通过属性栏中的轮廓选项，分别绘制领子、过肩、底边、袖窿和袖头处的虚线，如图 5-19 所示。

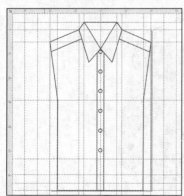

图 5-17

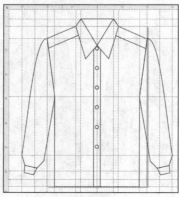

图 5-18

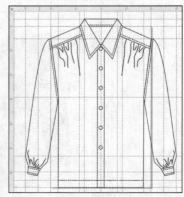

图 5-19

6. 填充颜色。

利用选择工具 选中衣身图形，单击调色板中的深灰色，为其填充深灰色。利用同样的方法，为袖筒填充深灰色，为门襟和扣子填充白色。利用智能填充工具 ，设置填充颜色为白色，单击过肩部位和领座部位，为过肩和领座填充白色，利用同样的方法，为衬衣内部能看到的部位填充浅灰色，如图 5-20 所示。

7. 绘制衬衣背面。

利用选择工具 选中所有图形，单击【变换】面板中的大小图标 ，设置【副本】为"1"，单击【应用】按钮，将其复制到另一张图纸上。删除领子、过肩、门襟和扣子，绘制后过肩线和褶皱线，调整领座的造型，完成衬衣背面的绘制，如图 5-21 所示。

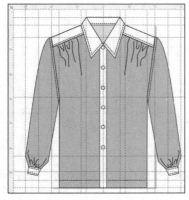
图 5-20

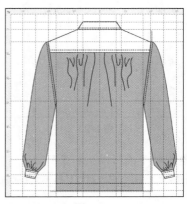
图 5-21

5.3.2 西装上衣的设计与表现

西装上衣款式如图 5-22 所示。

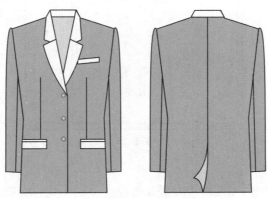
图 5-22

1. 设置原点和辅助线，绘制外框。

参照 4.1.1 小节的方法设置原点和辅助线。利用矩形工具 ，参照辅助线绘制一个矩形，同时单击属性栏中的 图标，将其转换为曲线。通过属性栏中的轮廓选项，设置【轮廓宽度】为

"3.5mm"，效果如图 5-23 所示。

2. 绘制衣身轮廓。

利用形状工具 ，参照辅助线，在矩形上面那条边的领口位置增加 4 个节点。移动节点，形成领座造型。将矩形上面那条边的左右两个端点下移 5cm，形成落肩。在矩形两条长边中间增加两个节点，分别向内移动相应节点，形成衣身造型，如图 5-24 所示。

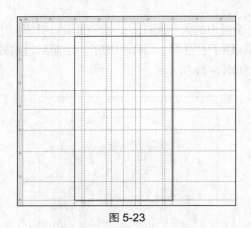

图 5-23　　　　　　　　　　　　　　　　　　图 5-24

3. 绘制领子、门襟、扣子。

利用手绘工具 和形状工具 绘制领子和门襟。利用椭圆形工具 绘制扣子，如图 5-25 所示。

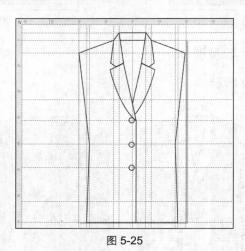

图 5-25

4. 绘制口袋和省位线。

利用手绘工具 和矩形工具 绘制口袋和省位线，如图 5-26 所示。

5. 绘制袖子。

利用手绘工具 和形状工具 分别绘制袖筒和袖的接线，如图 5-27 所示。

6. 填充颜色。

利用选择工具 选中衣身图形，单击调色板中的深灰色，为其填充深灰色。利用同样的方法，为袖子填充深灰色，为领子和口袋填充白色。利用智能填充工具，设置填充颜色为浅灰色，单击服装内部能看到的区域，为其填充浅灰色。双击状态栏中的编辑填充图标，在弹出的对话框中单击渐变填充图标，为扣子填充径向渐变，如图 5-28 所示。

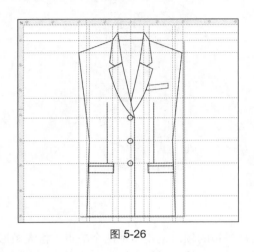

图 5-26　　　　　　　　　　　　　　　图 5-27

7．绘制西装上衣背面。

利用选择工具选中所有图形，单击【变换】面板中的大小图标，设置【副本】为"1"，单击【应用】按钮，再制一个西装上衣图形，将其复制到另一张图纸上。删除领子、口袋、省位线、门襟和扣子，绘制后中线、后开衩，调整领座造型，完成西装上衣背面的绘制，如图 5-29 所示。

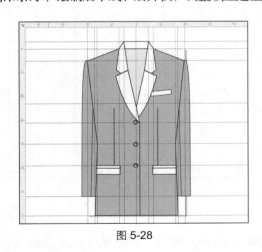
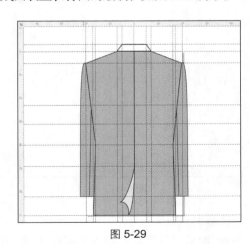

图 5-28　　　　　　　　　　　　　　　图 5-29

5.3.3　夹克的设计与表现

夹克款式如图 5-30 所示。

1．设置原点和辅助线，绘制外框。

参照 4.1.1 小节的方法设置原点和辅助线。利用矩形工具，参照辅助线绘制 3 个大小不一的矩形，同时单击属性栏中的图标，将其转换为曲线。通过属性栏中的轮廓选项，设置【轮廓宽度】为"3.5mm"，效果如图 5-31 所示。

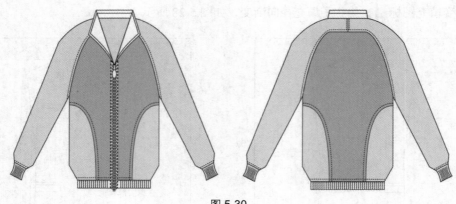

图 5-30

2．绘制衣身轮廓。

利用形状工具，参照辅助线，在大矩形上面那条边的领口位置增加两个节点。将大矩形上面那条边的左右两个端点下移 5cm，形成落肩。在矩形两条长边下部增加两个节点。将大矩形下面那条边的左右两个端点向内移动，形成衣身造型，如图 5-32 所示。

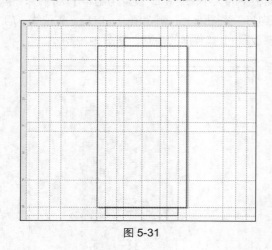

图 5-31

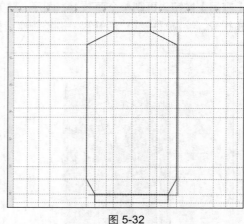

图 5-32

3．绘制拉链和领子。

利用矩形工具绘制拉链外框和拉链，并将其轮廓线设置为虚线。利用手绘工具和形状工具绘制领子图形。利用椭圆形工具绘制拉链环，如图 5-33 所示。

4．绘制袖子。

利用手绘工具和形状工具分别绘制插肩袖和袖头。利用虚拟段删除工具删除插肩袖范围内的无用线段，如图 5-34 所示。

5．绘制虚线。

利用手绘工具和形状工具，通过属性栏中的轮廓选项，分别绘制插肩线、分割线、底边和袖头的虚线，如图 5-35 所示。

　　6. 绘制罗纹线。

　　利用手绘工具 ，形状工具 和混合工具 ，分别绘制袖头和下摆处的罗纹线，如图 5-36 所示。

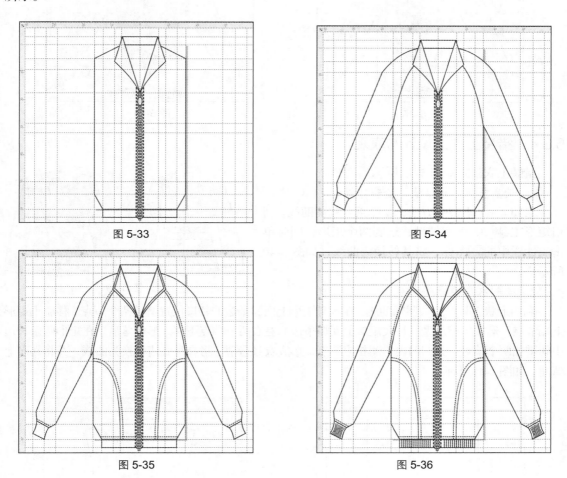

图 5-33　　　　　　　　　　　　　　　　图 5-34

图 5-35　　　　　　　　　　　　　　　　图 5-36

　　7. 填充颜色。

　　利用选择工具 选中衣身图形，单击调色板中的深灰色，为其填充深灰色。利用同样的方法，为袖子和袖头填充浅灰色，为领子、拉链外框和下摆填充白色。利用智能填充工具 ，设置填充颜色为浅灰色，单击衣身分割图形，为其填充浅灰色。利用同样的方法，为夹克内部能看到的区域填充浅灰色，如图 5-37 所示。

　　8. 绘制夹克背面。

　　利用选择工具 选中所有图形，单击【变换】面板中的大小图标 ，设置【副本】为"1"，单击【应用】按钮，再制一个夹克图形，将其复制到另一张图纸上。删除领子和拉链。利用手绘工具 和形状工具 调整插肩袖及相关虚线，绘制后中线及相关虚线，完成夹克背面的绘制，如图 5-38 所示。

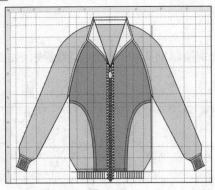

图 5-37

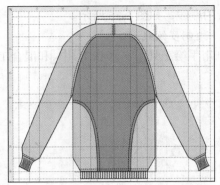

图 5-38

5.3.4 猎装上衣的设计与表现

猎装上衣款式如图 5-39 所示。

1. 设置原点和辅助线，绘制外框。

参照 4.1.1 小节的方法，设置原点和辅助线。利用矩形工具 □，参照辅助线绘制两个矩形，同时单击属性栏中的 ⓒ 图标，将其转换为曲线，如图 5-40 所示。

2. 绘制衣身轮廓。

图 5-39

利用形状工具 ◥，参照辅助线，在衣身矩形上面那条边的领口位置增加两个节点。移动小矩形上端节点，形成领座造型。将大矩形上面那条边的左右两个端点下移，形成落肩。在矩形两条长边中间增加两个节点，分别向内移动相应节点，形成衣身造型。将衣身底边转换为曲线，并将其向上弯曲，如图 5-41 所示。

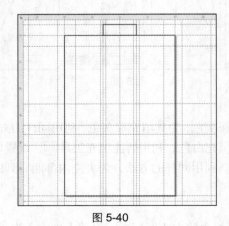

图 5-40

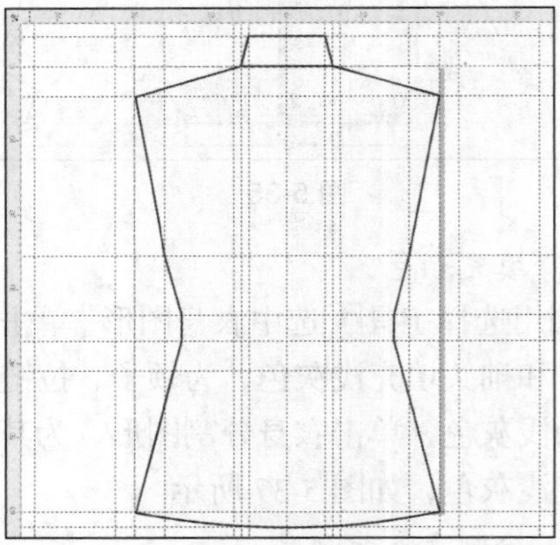

图 5-41

3. 绘制领子、门襟、口袋和分割线。

利用手绘工具 ✎ 绘制领子、门襟和过肩分割线。利用矩形工具 □ 和形状工具 ◥ 绘制口袋，如图 5-42 所示。

4．绘制袖子。

利用手绘工具📝和形状工具📝分别绘制袖筒和袖头分割线，如图 5-43 所示。

图 5-42

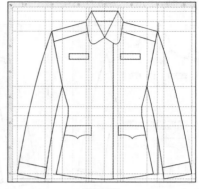

图 5-43

5．绘制腰带。

利用手绘工具📝和形状工具📝分别绘制腰带和腰带环。利用椭圆形工具⬭绘制腰带上的穿孔，如图 5-44 所示。

6．加粗轮廓。

利用选择工具📝选中所有图形，设置【轮廓宽度】为"3.5mm"，效果如图 5-45 所示。

图 5-44

图 5-45

7．绘制虚线。

利用手绘工具📝和形状工具📝，通过属性栏中的轮廓选项，分别绘制领子、过肩、底边、袖头和口袋等处的虚线，如图 5-46 所示。

8．填充颜色。

利用选择工具📝选中衣身图形，单击调色板中的深灰色，为其填充深灰色。利用同样的方法，为袖头、口袋和腰带填充浅灰色，为领子填充白色。利用智能填充工具📝，设置填充颜色为白色，单击衣服内部能看到的区域，为其填充白色，如图 5-47 所示。

9．绘制猎装上衣背面。

利用选择工具📝选中所有图形，单击【变换】面板中的大小图标📝，设置【副本】为"1"，单击【应用】按钮，再制一个猎装图形，将其复制到另一张图纸上。删除领子、过肩、门襟、腰带环、腰带上的穿孔和口袋。绘制后过肩和分割线，调整领座造型，调整填充颜色，完成猎装上衣背面的绘制，如图 5-48 所示。

图 5-46

图 5-47

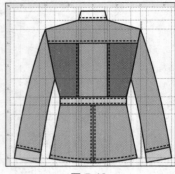

图 5-48

5.3.5 中西式上衣的设计与表现

中西式上衣款式如图 5-49 所示。

1. 设置原点和辅助线，绘制外框。

参照 4.1.1 小节的方法设置原点和辅助线。利用矩形工具▢，参照辅助线绘制一个矩形，同时单击属性栏中的◉图标，将其转换为曲线。通过属性栏中的轮廓选项，设置【轮廓宽度】为"3.5mm"，如图 5-50 所示。

2. 绘制衣身轮廓。

利用形状工具▨，参照辅助线，在大矩形上面那条边的领口位置增加两个节点。移动小矩形上的节点，形成领座造型。将大矩形上面那条边的左右两个端点

图 5-49

下移 4cm，形成落肩。在矩形两条长边中间增加两个节点，分别向内移动相应节点，将腰线以下修改为曲线，得到衣身造型，如图 5-51 所示。

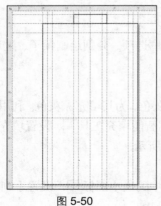

图 5-50

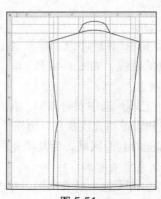

图 5-51

3．绘制领子、门襟和扣子。

利用手绘工具 和形状工具 绘制领子。利用手绘工具 绘制门襟。利用矩形工具 和椭圆形工具 绘制扣子，如图 5-52 所示。

4．绘制口袋和省位线。

利用矩形工具 和手绘工具 分别绘制口袋和省位线，如图 5-53 所示。

5．绘制袖子。

利用手绘工具 和形状工具 绘制袖子，如图 5-54 所示。

6．绘制装饰图案。

利用矩形工具 绘制袖子、领子和衣身上装饰图案的外框。打开【字形】面板，选择菱形图样（或其他适合的图样），将其拖曳到页面中，调整其大小和位置，再制多个图样，将它们放置在相应位置，如图 5-55 所示。

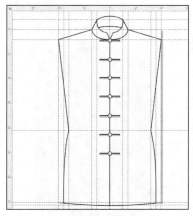

图 5-52

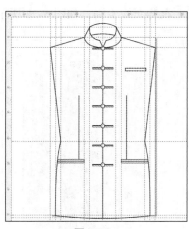

图 5-53

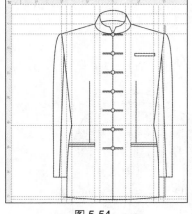

图 5-54

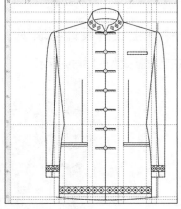

图 5-55

7．绘制双线和虚线。

利用手绘工具 、形状工具 和矩形工具 ，通过属性栏中的轮廓选项，分别绘制领子处的双线，领口、袋口和门襟处的虚线，如图 5-56 所示。

8．填充颜色。

利用选择工具 ，选中衣身图形，单击调色板中的深灰色，为其填充深灰色。利用同样的方法，为领子、口袋和图样外框内部填充白色。利用智能填充工具 ，设置填充颜色为浅灰色，单击上衣内部能看到的区域，为其填充浅灰色，如图 5-57 所示。

9．绘制中西式上衣背面。

利用选择工具 ，选中所有图形，单击【变换】面板中的大小图标 ，设置【副本】为"1"，单击【应用】按钮，再制一个图形，将其复制到另一张图纸上。删除领子、门襟、扣子、口袋和省位线。绘制后中线及相关的虚线，调整领座造型和底边上的装饰图样，完成中西式上衣背面的绘制，如图 5-58 所示。

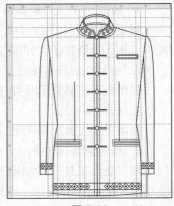

图 5-56

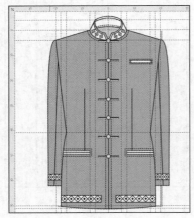

图 5-57

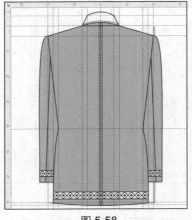

图 5-58

5.3.6　牛仔上衣的设计与表现

牛仔上衣款式如图 5-59 所示。

图 5-59

1. 设置原点和辅助线，绘制外框。

参照 4.1.1 小节的方法设置原点和辅助线。利用矩形工具▢，参照辅助线绘制一个矩形，同时单击属性栏中的◔图标，将其转换为曲线。通过属性栏中的轮廓选项，设置【轮廓宽度】为"3.5mm"，效果如图 5-60 所示。

2. 绘制衣身轮廓。

利用形状工具▸，参照辅助线，在矩形上面那条边的领口位置增加 4 个节点。移动节点，形成领座造型。将矩形上面那条边的左右两个端点下移 4cm，形成落肩。在矩形两条长边中间增加两个节点，将矩形底边的左右端点分别向内移动，将袖窿线修改为曲线，得到衣身造型，如图 5-61 所示。

3. 绘制领子、门襟和扣子。

利用手绘工具▸和形状工具▸绘制领子。利用矩形工具▢绘制明门襟。利用椭圆形工具◯绘制扣子，如图 5-62 所示。

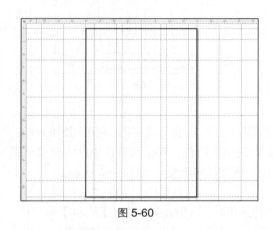

图 5-60

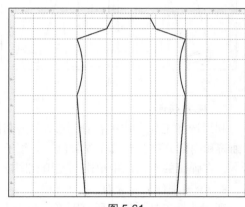

图 5-61

4. 绘制口袋和分割线等。

利用手绘工具▸和椭圆形工具◯分别绘制口袋、袋盖、袋盖上的扣子和多条分割线，如图 5-63 所示。

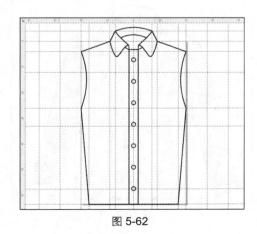

图 5-62

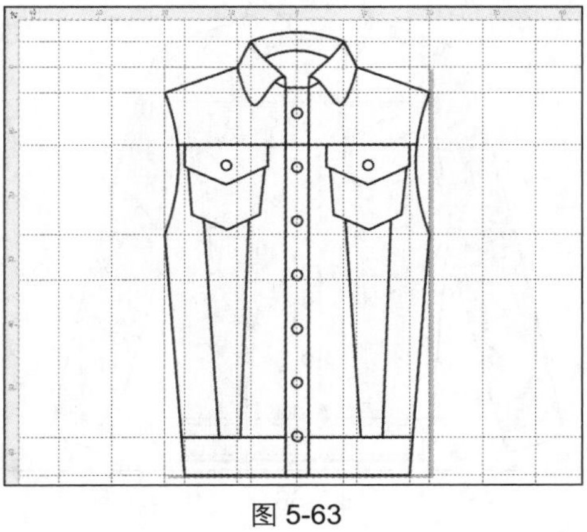

图 5-63

5. 绘制袖子。

利用手绘工具 和形状工具 分别绘制袖筒和袖头，如图 5-64 所示。

6. 绘制虚线。

利用手绘工具 和形状工具 ，通过属性栏中的轮廓选项，分别绘制领子、底边、袖窿、袖头和分割线等位置的虚线，如图 5-65 所示。

图 5-64

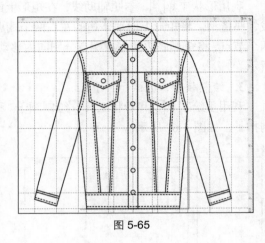
图 5-65

7. 填充颜色。

利用选择工具 选中衣身图形，单击调色板中的浅灰色，为其填充浅灰色。利用同样的方法，为袖筒和内部分割图形填充深灰色，为领子、门襟和袖头填充白色。双击状态栏中的编辑填充图标 ，在弹出的对话框中单击渐变填充图标 ，为扣子填充径向渐变，如图 5-66 所示。

8. 绘制牛仔上衣背面。

利用选择工具 选中所有图形，单击【变换】面板中的大小图标 ，设置【副本】为"1"，单击【应用】按钮，将其复制到另一张图纸上。删除领子、门襟、扣子和分割线。利用手绘工具 和形状工具 绘制分割线，调整领座的造型，完成牛仔上衣背面的绘制，如图 5-67 所示。

图 5-66

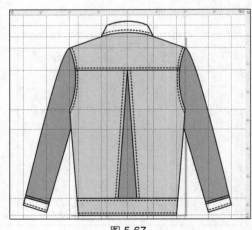
图 5-67

5.3.7　旗袍的设计与表现

旗袍款式如图 5-68 所示。

1. 设置原点和辅助线，绘制外框。

参照 4.1.1 小节的方法，设置原点和辅助线。利用矩形工具▭，参照辅助线绘制两个矩形。同时单击属性栏中的⟳图标，将它们转换为曲线。通过属性栏中的轮廓选项，设置【轮廓宽度】为"3.5mm"，效果如图 5-69 所示。

2. 绘制衣身轮廓。

利用形状工具▯，参照辅助线，在大矩形上面那条边的领口位置增加两个节点。移动小矩形的节点，形成领座造型。将大矩形上面那条边的左右两个端点下移 5cm，形成落肩。在矩形两条长边中间增加节点，分别移动节点，形成衣身造型，如图 5-70 所示。

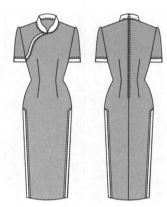

图 5-68

3. 修改相关曲线。

利用形状工具▯，分别将领座和臀部的直线修改为曲线，如图 5-71 所示。

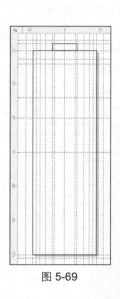

图 5-69

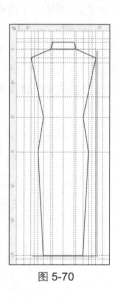

图 5-70

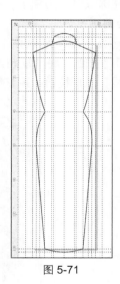

图 5-71

4. 绘制领子、门襟、分割线和省位线。

利用手绘工具▱和形状工具▯，分别绘制领子、曲线偏门襟、侧开衩分割线和省位线，如图 5-72 所示。

5. 绘制袖子。

利用手绘工具▱和形状工具▯分别绘制袖子和袖头，如图 5-73 所示。

6. 绘制虚线。

利用手绘工具▱和形状工具▯，通过属性栏中的轮廓选项，分别绘制领子、门襟、袖子和侧开衩处的虚线，如图 5-74 所示。

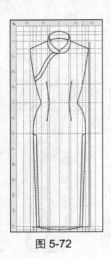

图 5-72

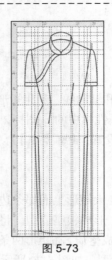

图 5-73

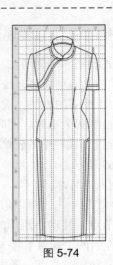

图 5-74

7．填充颜色。

利用选择工具 ，选中衣身图形，单击调色板中的深灰色，为其填充深灰色。利用同样的方法，为袖子填充深灰色，为领子、袖头、侧开衩和门襟填充白色，如图 5-75 所示。

8．绘制旗袍背面。

利用选择工具 ，选中所有图形，单击【变换】面板中的大小图标 ，设置【副本】为"1"，单击【应用】按钮，将其复制到另一张图纸上。删除领子和门襟。利用手绘工具 和形状工具 绘制后中线、隐形拉链，调整领座的造型，完成旗袍背面的绘制，如图 5-76 所示。

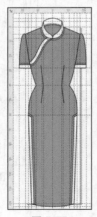

图 5-75

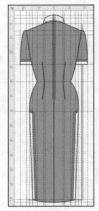

图 5-76

5.3.8　大衣的设计与表现

大衣款式如图 5-77 所示。

1．设置原点和辅助线，绘制外框。

参照 4.1.1 小节的方法设置原点和辅助线。利用矩形工具 ，参照辅助线绘制一个矩形，同时单击属性栏中的 图标，将其转换为曲线。通过属性栏中的轮廓选项，设置【轮廓宽度】为"3.5mm"，效果如图 5-78 所示。

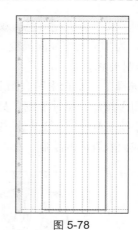

图 5-77

图 5-78

2. 绘制衣身轮廓。

利用形状工具 ⬚，参照辅助线，在矩形上面那条边的领口位置增加 4 个节点。移动节点，形成领座造型。将矩形上面那条边的左右两个端点下移 4cm，形成落肩。在矩形两条长边中间增加两个节点，分别向内移动节点，再分别向外移动底边的两个节点，得到衣身造型，如图 5-79 所示。

3. 绘制领子、门襟、扣子和分割线。

利用手绘工具 ⬚ 和形状工具 ⬚ 分别绘制领子、门襟、衣身刀背分割线、口袋和底边分割线。利用椭圆形工具 ⬚ 绘制扣子，如图 5-80 所示。

4. 绘制袖子。

利用手绘工具 ⬚ 和形状工具 ⬚ 分别绘制袖筒和袖头，如图 5-81 所示。

5. 绘制虚线。

利用手绘工具 ⬚ 和形状工具 ⬚，通过属性栏中的轮廓选项，分别绘制领子、肩部、底边、袖窿和袖头等位置的虚线，如图 5-82 所示。

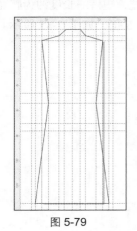

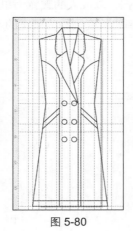

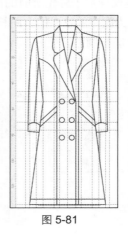

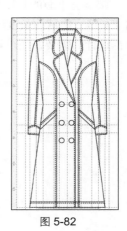

图 5-79

图 5-80

图 5-81

图 5-82

6. 填充颜色。

利用选择工具 ⬚ 选中衣身图形，单击调色板中的深灰色，为其填充深灰色。利用同样的方法，为袖头、领子和口袋填充白色。双击状态栏中的编辑填充图标 ，在弹出的对话框中单击渐变填充图标 ▣，为扣子填充径向渐变，如图 5-83 所示。

7. 绘制大衣背面。

利用选择工具 ▶ 选中所有图形，单击【变换】面板中的大小图标 ▣，设置【副本】为"1"，单击【应用】按钮，将其复制到另一张图纸上。删除领子、门襟、扣子、口袋和分割线，调整袖头。利用手绘工具 ✐，通过属性栏中的轮廓选项，绘制多条分割线及相应的虚线，并为腰带填充白色，完成大衣背面的绘制，如图 5-84 所示。

图 5-83

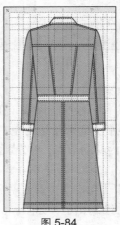

图 5-84

5.4 裤子的设计与表现

腰宽与下肢的长度是设计裤子外轮廓时的依据，以成人的腰宽为单位，短裤的长度约为腰宽的 1.5 倍，中裤的长度约为腰宽的 2.5 倍，而长裤的长度则约为腰宽的 3.5 倍，如图 5-85 所示。根据设计的需要，还可以进行调整。

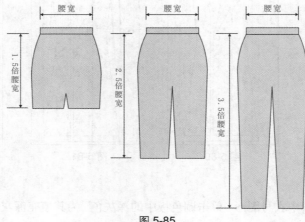

图 5-85

裤子中对廓型影响大的元素不多。因此，在设计与表现裤子的款式时，可以在设计好裤子的廓型后直接进行。腰头和门襟是裤子中的重要元素，也是裤子中工艺结构比较复杂的元素，初学者往往容易出错，要注意正确表现它们。

有时裤子的侧面也是设计重点，可以用局部展开的方法将其设计特点展现出来。

5.4.1　西裤的设计与表现

西裤款式如图 5-86 所示。

1. 设置原点和辅助线，绘制外框。

参照 4.1.1 小节的方法设置原点和辅助线。参照辅助线，利用矩形工具 ▢ 绘制两个矩形。单击属性栏中的 ⟳ 图标，将它们转换为曲线，设置【轮廓宽度】为"3.5mm"，效果如图 5-87 所示。

2. 绘制裤形轮廓。

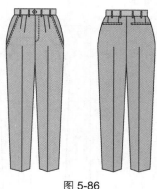

选择形状工具 ，在大矩形底边上双击增加裤口宽度节点和中点节点。将中点节点沿中心线向上移动到裆部。在臀位线两侧双击增加两个节点，将大矩形上面那条边的左右两个节点分别向内移动，与小矩形对齐。将侧缝线转换为曲线，拖曳左右两条侧缝线，使之弯曲成符合人体的曲线形状。在裤口的中点增加节点，向下拖曳节点，使之具有立体感，如图 5-88 所示。

图 5-86

3. 绘制门襟、搭门、斜插袋、穿带环、活褶和挺缝线。

利用手绘工具 ，分别绘制门襟、搭门、斜插袋、穿带环、活褶和挺缝线，如图 5-89 所示。

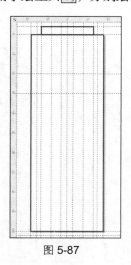
图 5-87

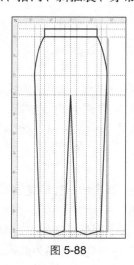
图 5-88

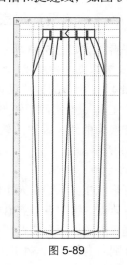
图 5-89

4. 绘制虚线。

利用手绘工具 和形状工具 ，通过属性栏中的轮廓选项，绘制各条虚线，如图 5-90 所示。

5. 绘制扣子并填充裤身颜色。

利用椭圆形工具 ◯ 绘制搭门处的扣子。利用选择工具 选中裤身图形，单击调色板中的深灰色，为其填充深灰色。利用同样的方法，为裤腰和扣子填充浅灰色，为穿带环填充深灰色，如图 5-91 所示。

6. 绘制西裤背面。

利用选择工具 选中所有图形，单击【变换】面板中的大小图标 ，设置【副本】为"1"，单击【应用】按钮，再制一个图形，将其复制到另一张图纸上。删除门襟、搭门、口袋和扣子。利用手绘工具 分别绘制后中线、后口袋和省位线，完成西裤背面的绘制，如图 5-92 所示。

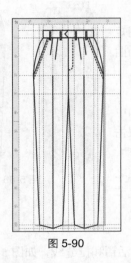
图 5-90

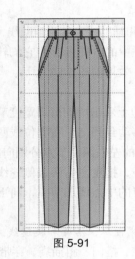
图 5-91

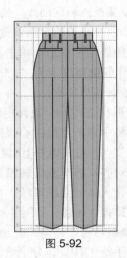
图 5-92

5.4.2 牛仔裤的设计与表现

牛仔裤款式如图 5-93 所示。

1. 设置原点和辅助线，绘制外框。

参照 4.1.1 小节的方法设置原点和辅助线。参照辅助线，利用矩形工具 绘制两个矩形。单击属性栏中的 图标，将它们转换为曲线，设置【轮廓宽度】为"3.5mm"，效果如图 5-94 所示。

2. 绘制裤形轮廓。

选择形状工具 ，在大矩形底边上双击增加裤口宽度节点和中点节点。将中点节点沿中心线向上移动到裆部。在臀位线两侧双击增加两个节点，将大矩形上面那条边的左右两个节点分别向内移动，与小矩形对齐。将侧缝线转换为曲线，拖曳左右两条侧缝线，使之弯曲为符合人体的曲线形状。在膝盖部位增加两个节点，在裤口的中点增加节点，分别调整这些节点，使其形成牛仔裤造型，如图 5-95 所示。

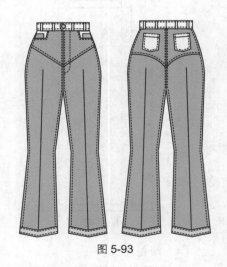
图 5-93

3. 绘制门襟、搭门、前口袋和内口袋、穿带环、分割线、活褶、挺缝线和扣子。

利用手绘工具 分别绘制门襟、搭门、前口袋和内口袋、穿带环、分割线、活褶和挺缝线。

利用椭圆形工具 ⬭ 绘制搭门处的扣子，如图 5-96 所示。

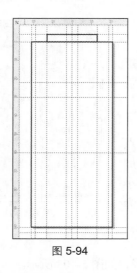
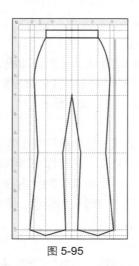
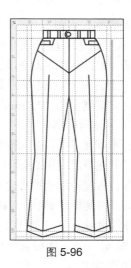

图 5-94   图 5-95   图 5-96

4. 绘制虚线。

利用手绘工具 ✎ 和形状工具 ➴，通过属性栏中的轮廓选项，绘制多条虚线，如图 5-97 所示。

5. 填充颜色。

利用选择工具 ▶ 选中裤身图形，单击调色板中的深灰色，为其填充深灰色。利用同样的方法，为裤腰、穿带环，以及前口袋内侧填白色，为扣子、内口袋，以及裤口处的折边填充浅灰色，如图 5-98 所示。

6. 绘制牛仔裤背面。

利用选择工具 ▶ 选中所有图形，单击【变换】面板中的大小图标 ⬚，设置【副本】为"1"，单击【应用】按钮，再制一个图形，将其复制到另一张图纸上。删除门襟、搭门、前口袋和内口袋，以及扣子。利用手绘工具 ✎ 和形状工具 ➴ 分别绘制后中线、后口袋和分割线。通过属性栏中的轮廓选项，分别绘制相关的虚线，完成牛仔裤背面的绘制，如图 5-99 所示。

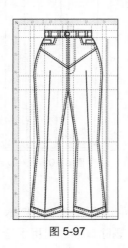
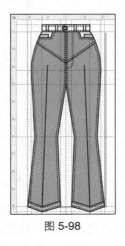
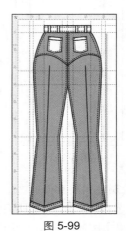

图 5-97   图 5-98   图 5-99

5.4.3 休闲裤的设计与表现

休闲裤款式如图 5-100 所示。

1. 设置原点和辅助线，绘制外框。

参照 4.1.1 小节的方法设置原点和辅助线。参照辅助线，利用矩形工具□绘制两个矩形。单击属性栏中的▣图标，将它们转换为曲线，设置【轮廓宽度】为"3.5mm"，效果如图 5-101 所示。

2. 绘制裤形轮廓。

选择形状工具⟨｡⟩，在大矩形底边上双击增加裤口宽度节点和中点节点。将中点节点沿中心线向上移动到裆部。在臀位线两侧双击增加两个节点，将大矩形上面那条边的左右两个节点分别向内移动，与小矩形对齐。将侧缝线转换为曲线，拖曳左右两条侧缝线，使之弯曲为符合人体的曲线形状，如图 5-102 所示。

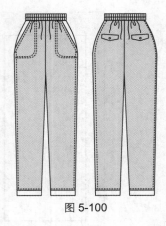

图 5-100

3. 绘制门襟、斜插袋和褶皱线等。

利用手绘工具⟨｡⟩分别绘制门襟、斜插袋、褶皱线和腰头中心线，如图 5-103 所示。

4. 绘制虚线和松紧带。

利用手绘工具⟨｡⟩和形状工具⟨｡⟩，通过属性栏中的轮廓选项，绘制各条虚线，如图 5-104 所示，再利用手绘工具⟨｡⟩和混合工具⟨｡⟩，绘制腰头处的松紧带。

5. 填充颜色。

利用选择工具⟨｡⟩选中裤身和腰头，单击调色板中的深灰色，为其填充深灰色。利用同样的方法，为裤口和口袋内侧填充白色，如图 5-105 所示。

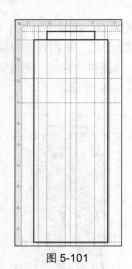

图 5-101

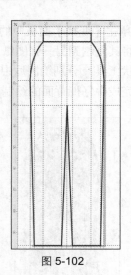

图 5-102

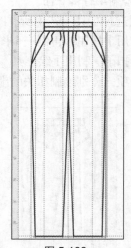

图 5-103

6. 绘制休闲裤背面。

利用选择工具⟨｡⟩选中所有图形，单击【变换】面板中的大小图标⟨｡⟩，设置【副本】为"1"，单击【应用】按钮，再制一个图形，将其复制到另一张图纸上。删除口袋。利用手绘工具⟨｡⟩和形状工具绘制后口袋，利用椭圆形工具绘制袋盖上的扣子，完成休闲裤背面的绘制，如图 5-106 所示。

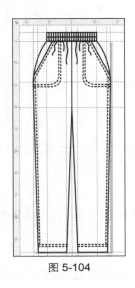
图 5-104

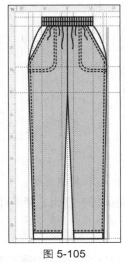
图 5-105

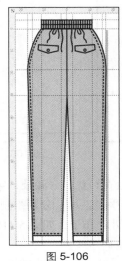
图 5-106

5.4.4 短裤的设计与表现

短裤款式如图 5-107 所示。

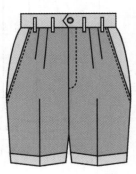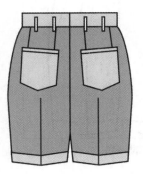
图 5-107

1. 设置原点和辅助线，绘制外框。

参照 4.1.1 小节的方法设置原点和辅助线。参照辅助线，利用矩形工具绘制两个矩形。单击属性栏中的图标，将它们转换为曲线，设置【轮廓宽度】为"3.5mm"，效果如图 5-108 所示。

2. 绘制裤形轮廓。

选择形状工具，在大矩形底边上双击增加裤口宽度节点和中点节点。将中点节点沿中心线向上移动到裆部。在臀位线两侧双击增加两个节点，将大矩形上面那条边的左右两个节点分别向内移动，与小矩形对齐。将侧缝线转换为曲线，拖曳左右两条侧缝线，使之弯曲为符合人体的曲线形状。在裤口中点处增加节点，向下拖曳节点，使之具有立体感，如图 5-109 所示。

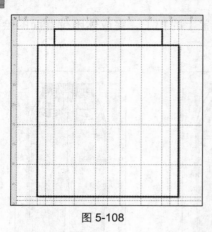

图 5-108

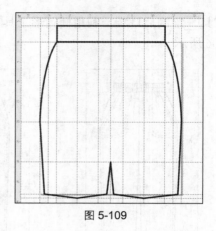

图 5-109

3. 绘制门襟、斜插袋、穿带环、活褶和挺缝线等。

利用手绘工具 分别绘制门襟、斜插袋、搭门、穿带环、活褶和挺缝线。利用椭圆形工具 绘制搭门处的扣子，如图 5-110 所示。

4. 绘制虚线。

利用手绘工具 和形状工具 ，通过属性栏中的轮廓选项，绘制各条虚线，如图 5-111 所示。

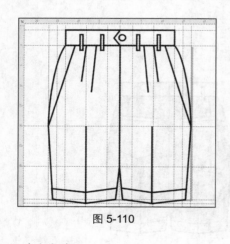

图 5-110

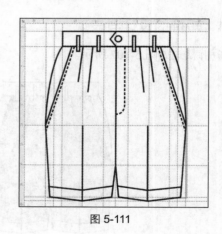

图 5-111

5. 填充颜色。

利用选择工具 选中裤身图形，单击调色板中的深灰色，为其填充深灰色。利用同样的方法，为裤腰、裤口折边和口袋内部填充浅灰色，为穿带环填充白色。双击状态栏中的编辑填充图标 ，在弹出的对话框中单击渐变填充图标 ，为扣子填充径向渐变，如图 5-112 所示。

6. 绘制短裤背面。

利用选择工具 选中所有图形，单击【变换】面板中的大小图标 ，设置【副本】为"1"，单击【应用】按钮，再制一个图形，将其复制到另一张图纸上。删除门襟、搭门、口袋、扣子和活褶。利用手绘工具 和形状工具 分别绘制后口袋、后中线和省位线，完成短裤背面的绘制，如图 5-113 所示。

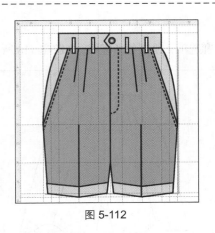

图 5-112

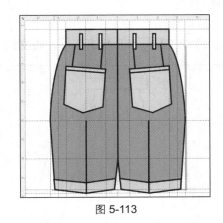

图 5-113

5.4.5 裙裤的设计与表现

裙裤款式如图 5-114 所示。

1. 设置原点和辅助线，绘制外框。

参照 4.1.1 小节的方法设置原点和辅助
线。参照辅助线，利用矩形工具□绘制两个矩
形。单击属性栏中的⊙图标，将它们转换为曲
线，设置【轮廓宽度】为"3.5mm"，效果如
图 5-115 所示。

图 5-114

2. 绘制裤形轮廓。

选择形状工具，在大矩形底边上双击增加裤口宽度节点和中点节点。将中点节点沿中心线
向上移动到裆部。在臀位线两侧双击增加两个节点，将大矩形上面那条边的左右两个节点分别向
内移动，与小矩形对齐。将侧缝线转换为曲线，拖曳左右两条侧缝线，使之弯曲为符合人体的曲
线形状。调整裤口节点，加大裤口宽度，并将裤口线修改为曲线，如图 5-116 所示。

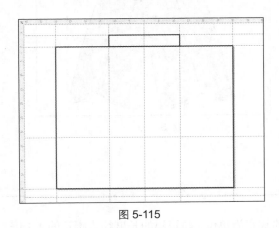

图 5-115

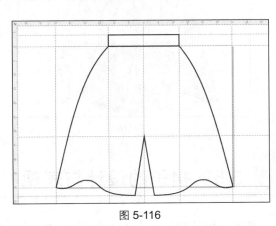

图 5-116

3. 绘制中裆线、褶皱线和挺缝线。

利用手绘工具分别绘制中裆线、褶皱线和挺缝线，如图 5-117 所示。

4. 绘制虚线。

利用手绘工具 和形状工具 ，通过属性栏中的轮廓选项，绘制各条虚线，如图 5-118 所示。

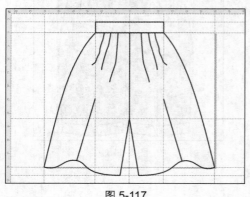
图 5-117

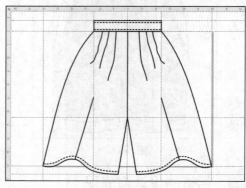
图 5-118

5. 填充颜色。

利用选择工具 选中裤身图形，单击调色板中的深灰色，为其填充深灰色。利用同样的方法，为裤腰填充白色，如图 5-119 所示。

6. 绘制裙裤背面。

利用选择工具 选中所有图形，单击【变换】面板中的大小图标 ，设置【副本】为"1"，单击【应用】按钮，再制一个图形，将其复制到另一张图纸上。利用手绘工具 ，通过属性栏中的轮廓选项，分别绘制后中线、搭门及对应的各条虚线。利用椭圆形工具 绘制搭门处的扣子，并为其填充渐变，完成裙裤背面的绘制，如图 5-120 所示。

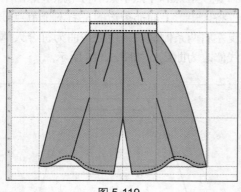
图 5-119

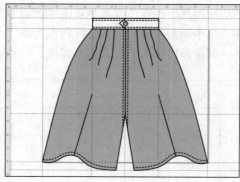
图 5-120

 # 5.5 裙子的设计与表现

腰宽是设计裙子外轮廓时的依据，如以成人的腰宽为单位，超短裙的长度约为腰宽的 1.5 倍，中裙的长度约为腰宽的 2 倍，而长裙的长度则约为腰宽的 2.5 倍，如图 5-121 所示。根据设计的需要，还可以进行调整。

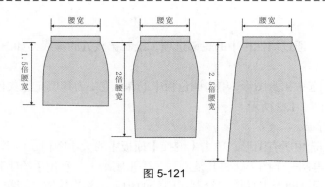

图 5-121

　　裙子中对廓型影响大的元素不多，因此在设计与表现裙子的款式时，可以在设计好裙子的廓型后直接进行。腰头和门襟是裙子中的重要元素，也是裙子中工艺结构比较复杂的元素，初学者往往容易出错，要注意正确表现它们。

　　有时裙子的背面也是设计重点，可以用"再制翻转、绘制背面"的方法将其设计特点表现出来。

5.5.1　西式裙的设计与表现

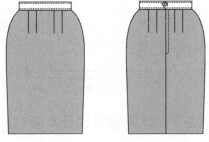

图 5-122

　　西式裙款式如图 5-122 所示。

　　1. 设置原点和辅助线，绘制外框。

　　参照 4.1.1 小节的方法设置原点和辅助线。参照辅助线，利用矩形工具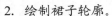绘制两个矩形。单击属性栏中的 ⟳ 图标，将它们转换为曲线，设置【轮廓宽度】为"3.5mm"，效果如图 5-123 所示。

　　2. 绘制裙子轮廓。

　　选择形状工具 ，在臀位线处双击增加两个节点，将大矩形上面那条边的两个节点分别向内移动，与小矩形对齐。将侧缝线转换为曲线，拖曳左右两条侧缝线，使之弯曲为符合人体的曲线形状。向内移动大矩形下端的两个节点，以缩小下摆，如图 5-124 所示。

　　3. 绘制省位线。

　　利用手绘工具 绘制 4 条省位线，如图 5-125 所示。

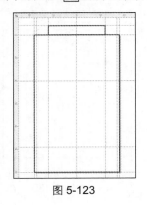

图 5-123

图 5-124

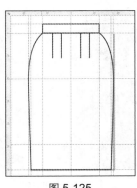

图 5-125

4. 绘制虚线。

利用手绘工具 ，通过属性栏中的轮廓选项，绘制裙腰处的虚线，如图 5-126 所示。

5. 填充颜色。

利用选择工具 选中裙身图形，单击调色板中的深灰色，为其填充深灰色。利用同样的方法，为裙腰填充白色，如图 5-127 所示。

6. 绘制西式裙背面。

利用选择工具 选中所有图形，单击【变换】面板中的大小图标 ，设置【副本】为"1"，单击【应用】按钮，再制一个图形，将其复制到另一张图纸上。利用手绘工具 绘制后中线、对齐的虚线、搭门。利用椭圆形工具 ，绘制搭门处的扣子，并为其填充渐变，完成西式裙背面的绘制，如图 5-128 所示。

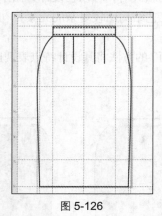
图 5-126

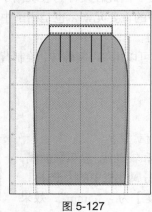
图 5-127

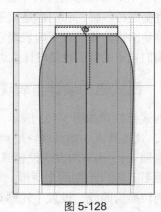
图 5-128

5.5.2 鱼尾裙的设计与表现

鱼尾裙款式如图 5-129 所示。

1. 设置原点和辅助线，绘制外框。

参照 4.1.1 小节的方法设置原点和辅助线。参照辅助线，利用矩形工具 绘制两个矩形。单击属性栏中的 图标，将它们转换为曲线，设置【轮廓宽度】为"3.5mm"，效果如图 5-130 所示。

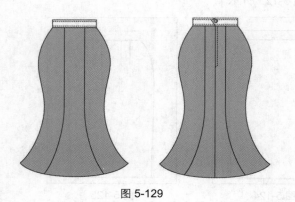
图 5-129

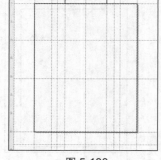
图 5-130

2. 绘制裙子轮廓。

选择形状工具 ，在臀位线处双击增加两个节点，将大矩形上面那条边的左右两个节点分别向内移动，与小矩形对齐。将侧缝线转换为曲线，拖曳左右两条侧缝线，使之弯曲为符合人体的曲线形状。在大矩形两条长边中间增加两个节点，向内移动节点，以缩小中部。向外移动大矩形下端的两个节点，以加大下摆，并将底边修改为曲线，如图 5-131 所示。

3. 绘制分割线。

利用手绘工具 和形状工具 分别绘制两条分割线，如图 5-132 所示。

4. 绘制虚线。

利用手绘工具 ，通过属性栏中的轮廓选项，绘制裙腰处的虚线，如图 5-133 所示。

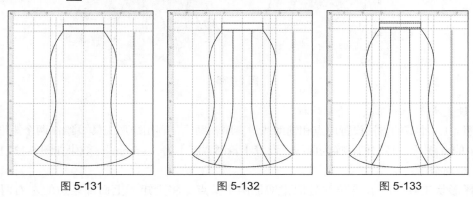

图 5-131   图 5-132   图 5-133

5. 填充颜色。

利用选择工具 选中裙身图形，单击调色板中的深灰色，为其填充深灰色。利用同样的方法，为裙腰填充白色，如图 5-134 所示。

6. 绘制鱼尾裙背面。

利用选择工具 选中所有图形，单击【变换】面板中的大小图标 ，设置【副本】为"1"，单击【应用】按钮，再制一个图形，将其复制到另一张图纸上。利用手绘工具 绘制后中线、对应的虚线及搭门。利用椭圆形工具 ，绘制搭门处的扣子，并为其填充渐变，完成鱼尾裙背面的绘制，如图 5-135 所示。

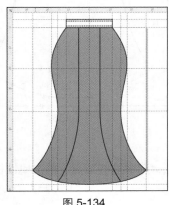   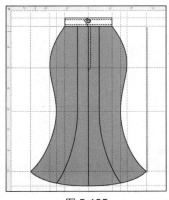

图 5-134   图 5-135

5.5.3 伞裙的设计与表现

伞裙款式如图 5-136 所示。

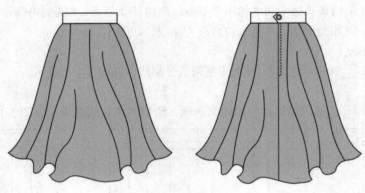

图 5-136

1. 设置原点和辅助线，绘制外框。

参照 4.1.1 小节的方法设置原点和辅助线。参照辅助线，利用矩形工具□绘制两个矩形。单击属性栏中的©图标，将它们转换为曲线，设置【轮廓宽度】为"3.5mm"，效果如图 5-137 所示。

2. 绘制伞裙轮廓。

选择形状工具[、]，在臀位线处双击增加两个节点，将大矩形上面那条边的左右两个节点分别向内移动，与小矩形对齐。将侧缝线转换为曲线，拖曳左右两条侧缝线，使之弯曲为符合人体的曲线形状。向外移动大矩形下端的两个节点，以加大下摆，并将其修改为曲线，如图 5-138 所示。

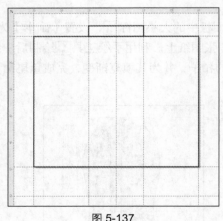

图 5-137

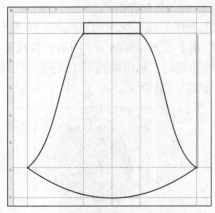

图 5-138

3. 修改底边。

选择形状工具[、]，在下摆曲线上双击增加若干节点，选中这些节点，单击属性栏中的尖突节点图标[、]，拖曳每段曲线，效果如图 5-139 所示。

4. 绘制褶皱线。

利用手绘工具 ![img] 和形状工具 ![img] 绘制褶皱线,如图 5-140 所示。

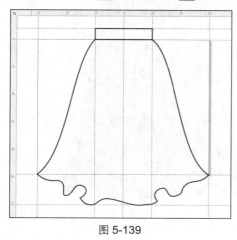
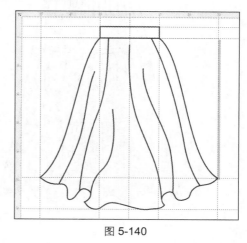

图 5-139   图 5-140

5. 填充颜色。

利用选择工具 ![img] 选中裙身图形,单击调色板中的深灰色,为其填充深灰色。利用同样的方法,为裙腰填充白色,如图 5-141 所示。

6. 绘制伞裙背面。

利用选择工具 ![img] 选中所有图形,单击【变换】面板中的大小图标 ![img] ,设置【副本】为"1",单击【应用】按钮,再制一个图形,将其复制到另一张图纸上。利用手绘工具 ![img] 绘制后中线、对应的虚线及搭门。利用椭圆形工具 ![img] ,绘制搭门处的扣子,并为其填充渐变,完成伞裙背面的绘制,如图 5-142 所示。

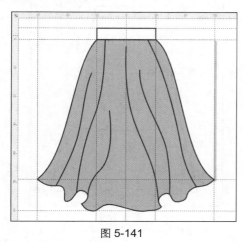

图 5-141   图 5-142

5.5.4 多节裙的设计与表现

多节裙款式如图 5-143 所示。

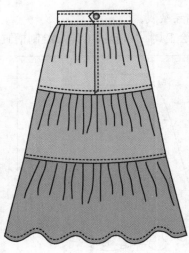

图 5-143

1. 设置原点和辅助线，绘制外框。

参照 4.1.1 小节的方法设置原点和辅助线。参照辅助线，利用矩形工具 □ 绘制裙腰处的矩形。利用手绘工具 🖊 绘制 3 个梯形，设置所有图形的【轮廓宽度】为 "3.5mm"，效果如图 5-144 所示。

2. 绘制裙子轮廓。

利用形状工具 🖊 将侧缝线转换为曲线，拖曳左右两条侧缝线，使之弯曲为符合人体的曲线形状。选择形状工具 🖊，在下摆的曲线上双击增加若干节点，选中这些节点，单击属性栏中的尖突节点图标 ⚡，拖曳每段曲线，效果如图 5-145 所示。

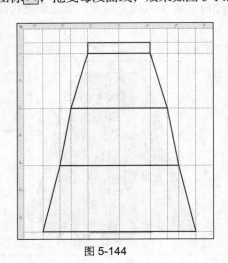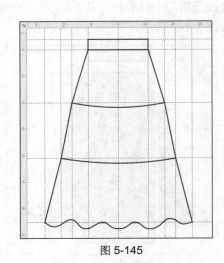

图 5-144　　　　　　　　　　　　图 5-145

3. 绘制褶皱线。

利用手绘工具 🖊 绘制若干褶皱线，如图 5-146 所示。

4. 绘制虚线。

利用手绘工具 🖊 和形状工具 🖊，通过属性栏中的轮廓选项，绘制裙腰处的虚线和各节底边处的虚线，如图 5-147 所示。

图 5-146

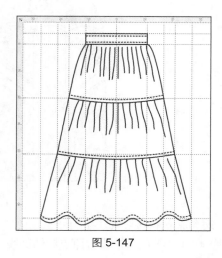
图 5-147

5．填充颜色。

利用选择工具分别选中裙身的各段图形，单击调色板中的灰色，为它们填充不同的灰色。利用同样的方法，为裙腰填充白色，如图 5-148 所示。

6．绘制多节裙背面。

利用选择工具选中所有图形，单击【变换】面板中的大小图标，设置【副本】为"1"，单击【应用】按钮，再制一个图形，将其复制到另一张图纸上。利用手绘工具绘制后中线、对应的虚线及搭门。利用椭圆形工具绘制搭门处的扣子，并为其填充渐变，完成多节裙背面的绘制，如图 5-149 所示。

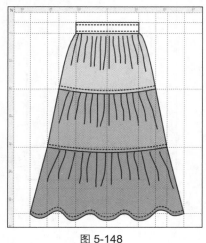
图 5-148

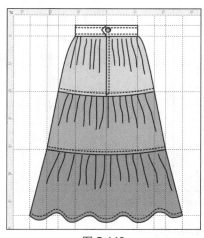
图 5-149

5.5.5　多片裙的设计与表现

多片裙款式如图 5-150 所示。

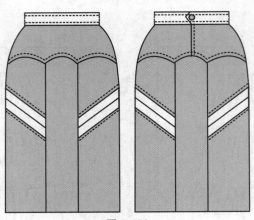

图 5-150

1. 设置原点和辅助线，绘制外框。

参照 4.1.1 小节的方法设置原点和辅助线。参照辅助线，利用矩形工具□绘制两个矩形。单击属性栏中的▢图标，将它们转换为曲线，设置【轮廓宽度】为"3.5mm"，效果如图 5-151 所示。

2. 绘制裙子轮廓。

选择形状工具▹，在臀位线处双击增加两个节点，将大矩形上面那条边的左右两个节点分别向内移动，与小矩形对齐。将侧缝线转换为曲线，拖曳左右两条侧缝线，使之弯曲为符合人体的曲线形状，如图 5-152 所示。

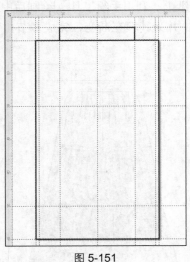

图 5-151

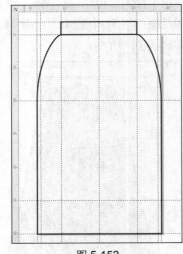

图 5-152

3. 绘制分割线。

利用手绘工具▹和形状工具▹绘制各条分割线，如图 5-153 所示。

4. 绘制虚线。

利用手绘工具▹和形状工具▹，通过属性栏中的轮廓选项，绘制各条虚线，如图 5-154 所示。

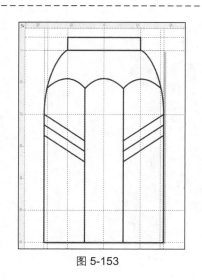

图 5-153

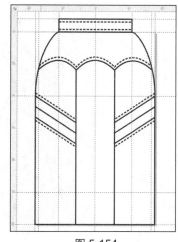

图 5-154

5. 填充颜色。

利用选择工具 选中裙身图形，单击调色板中的深灰色，为其填充深灰色。利用同样的方法，为裙腰填充白色，利用智能填充工具 为侧面的分割图形填充白色，如图 5-155 所示。

6. 绘制多片裙背面。

利用选择工具 选中所有图形，单击【变换】面板中的大小图标 ，设置【副本】为 "1"，单击【应用】按钮，再制一个图形，将其复制到另一张图纸上。利用手绘工具 绘制后中线、对应的虚线及搭门。利用椭圆形工具 绘制搭门处的扣子，并为其填充渐变，完成多片裙背面的绘制，如图 5-156 所示。

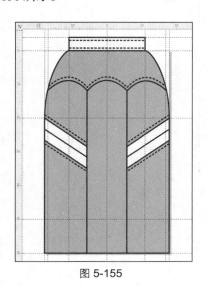

图 5-155

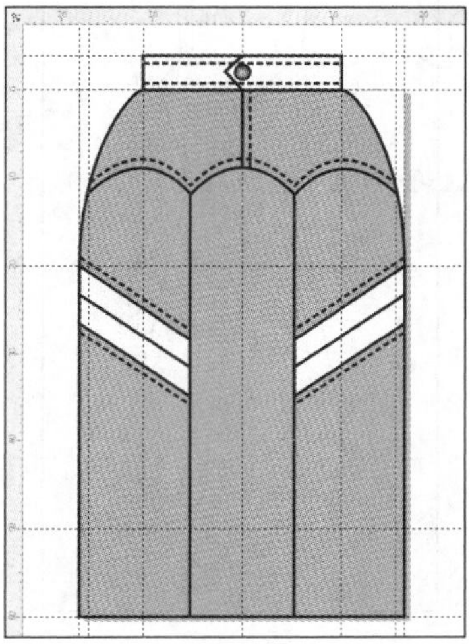

图 5-156

5.5.6 连衣裙的设计与表现

连衣裙款式如图 5-157 所示。

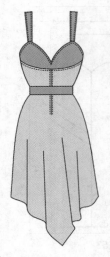

图 5-157

1. 设置原点和辅助线，绘制外框。

参照 4.1.1 小节的方法设置原点和辅助线。参照辅助线，利用手绘工具 绘制直线框图，并设置【轮廓宽度】为 "3.5mm"，如图 5-158 所示。

2. 绘制裙子轮廓。

利用形状工具 选中图形轮廓，将其转换为曲线，并将其修改为连衣裙轮廓造型，如图 5-159 所示。

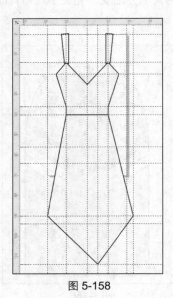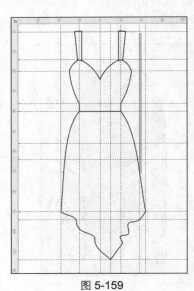

图 5-158　　　　　　　　　　　　　　　图 5-159

3. 绘制分割线、褶皱线和蝴蝶结图形。

利用手绘工具 和形状工具 绘制分割线、褶皱线和蝴蝶结图形，注意层次关系，如图 5-160 所示。

4. 绘制虚线。

利用手绘工具 和形状工具 ，通过属性栏中的轮廓选项，绘制各条虚线，如图 5-161 所示。

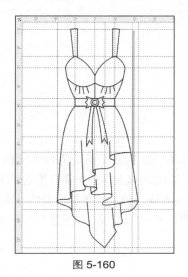

图 5-160   图 5-161

5. 填充颜色。

利用选择工具 选中相应图形，单击调色板中的浅灰色，为其填充浅灰色。利用同样的方法，为蝴蝶结填充白色，为其他图形填充相应的颜色，如图 5-162 所示。

6. 绘制连衣裙背面。

利用选择工具 选中所有图形，单击【变换】面板中的大小图标 ，设置【副本】为 "1"，单击【应用】按钮，再制一个图形，将其复制到另一张图纸上。删除相关的分割线和蝴蝶结，利用手绘工具 和形状工具 绘制后中线、对应的虚线及拉链等，再绘制褶皱线，完成连衣裙背面的绘制，如图 5-163 所示。

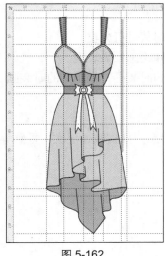

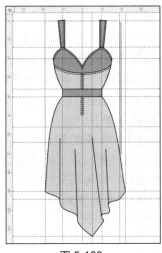

图 5-162   图 5-163

第6章
时装画基本技法

因为服装设计的主要服务对象是人，所以时装画基本技法主要是研究人体的比例和基本姿态。因此，对人体的认识和了解是很重要的。服装与人体的比例和人体各个部件形态的相互关系，在艺术表现形式上有别于纯绘画艺术中的写实人体。时装画特别讲究衣服的合身性，衣服上的相关线条和人体曲线要一致，并且要求以夸张的手法来表现人体及服装美，一般比现实中的人体高，以 8 至 10 头身为常用的人体比例。

 ## 6.1　时装画概述

一、时装画的作用

时装画是服装设计专业中不可缺少的一项内容，可以准确地表现出设计师的设计思想，其主要作用如下。

① 时装画是构思阶段的重要表现形式。

② 时装画具有审美作用。

③ 时装画是制作的依据。

④ 时装画是销售中重要的宣传手段。

二、时装画的种类

时装画的种类有很多，可以根据表现形式和使用功能对其进行分类。

根据表现形式可以分为色彩搭配对比、面料质地表现和绘画效果表现。

根据使用功能可以分为生产型的时装画、广告宣传型的时装画、插画型的时装画。

三、时装画的特征

时装画的特征如下。

① 时装画主要表现的是人着装后，服装所呈现出的状态，如褶皱、层次、垂感等。

② 人们对时装画的审美要求会受时代背景的影响。

③ 时装画具有多种表现形式。

四、学习时装画的要求

学习时装画的要求如下。

① 加强人体写生方面的训练。

② 掌握服装的裁制技巧。

③ 多学习古今中外的优秀作品。

五、数字化时装画

众多绘图软件，如 CorelDRAW、Photoshop、Paint 和其他服装设计软件等，为时装画的计算机绘制提供了数字化平台。其中 CorelDRAW 不但具有 Photoshop 的许多常用功能，还外挂了 Paint，是绘制时装画的理想软件，因此本书选用 CorelDRAW 作为数字化时装画的绘制软件。

理论上利用计算机软件绘制时装画，可以达到手工绘制的效果，但这并不是学习数字化时装画的目的。利用计算机绘制时装画，必须充分发挥计算机及其软件的导入、再制功能的优势，扬长避短，提高效率。用计算机绘制时装画的一般过程如下。

① 制作若干常用姿态的人体 CorelDRAW 图形，保存在资料库中。

② 制作若干常用服装材料效果，并转换为位图，保存在资料库中。

③ 将合适的 CorelDRAW 人体图形导入或复制到页面中，调整其比例（或利用相关工具直接绘制人体图形）。

④ 在人体图形的基础上绘制服装、服饰。

⑤ 填充颜色或服装材料。

⑥ 配置背景，完善画面。

6.2　时装画的人体比例

一、正常人体比例

随着年龄的增长，人体的高度与头长的比例会发生变化。一般情况下，人在 1～3 岁的身高是 4 个头长，4～6 岁的身高是 5 个头长，7～9 岁的身高是 6 个头长，10～16 岁的身高是 7 个头长，成年人的身高一般是 7.5 个头长，如图 6-1 所示。

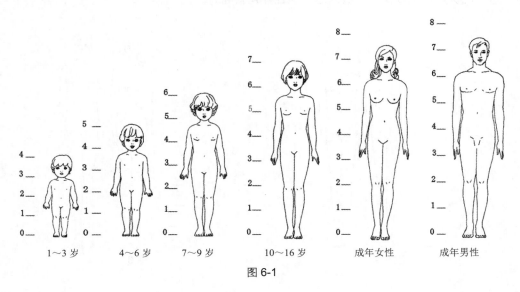

图 6-1

二、时装画人体比例

通常采用的时装画人体比例为七头身、八头身、九头身和十头身。

（1）七头身（或七个半头身）。七头身是人体的最佳比例，如果采取写实主义，这一比例最为合适，所以应该把它作为基本参考，如图 6-2 所示。而时装画和现实写生作品中的人体比例有差别，这种差别会随着潮流而改变。时装画中最理想的比例是八头身（身长为头长的 8 倍）、九头身，甚至十头身，当然现实中的人几乎是没有这种比例的。但在艺术表现中，这种比例可以使整个人的体形更加修长。

（2）八头身。八头身是时装画中常用的比例，八头身的中线在骶骨的位置，如图 6-3 所示。

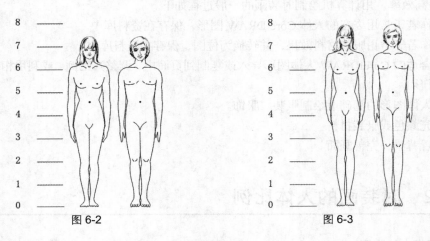

图 6-2　　　　　　　　　　图 6-3

（3）九头身。九头身的上身和八头身的一样，只是腿的比例更长，如图 6-4 所示。采取这一比例来表现长裤和长裙之类的服装比较合适，而表现超短裙之类的服装就不太好。

（4）十头身。十头身的上身和九头身的几乎一样，它只是把腿再延长一个头的长度，如图 6-5 所示。这一比例用得比较少，一般只适用于各种礼服等。

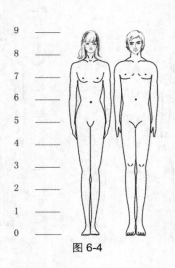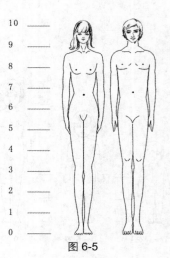

图 6-4　　　　　　　　　　图 6-5

三、男女体型的区别

男女体型的区别是明显的，初学者往往画的女性像男性，画的男性像女性。有人认为男性不好画，线条没有女性的优美，其实不然，女性有女性的美，男性有男性的美。

整体体型上，女性体型较窄，男性体型较宽。仔细观察，女性肚脐位于腰线稍下方，而男性的在腰线上方或与之齐平，如图 6-6 所示。女性肩宽相比男性要窄一些，腰细，腰线相对靠上；男性臀部较窄，臀型相比女性的更加小一些，如图 6-7 所示。

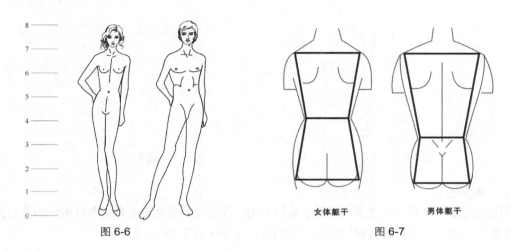

图 6-6　　　　　　　　　　　　　　　　图 6-7

女体躯干　　　男体躯干

一定要掌握女性特征和男性特征，以及其表现上的不同特点。要记住并不难，最主要的是要运用纯熟。在画笔和画料方面，没有男女之别。一般来说，细而柔的线条宜于表现女性，粗而刚的线条宜于表现男性，至于如何运用得娴熟，这就得靠观察和练习了。

6.3　时装画的人体姿态

时装画首先要求称身，在称身的基础上才可谈美观。称身就是要和人体轮廓线相一致，凸出线条，恰当地重现身体的优美比例。

一、时装画中的常用姿态

时装画中的常用姿态大致有正面的姿态、侧面的姿态、半侧面的姿态和背面的姿态，常用的姿态是正面的姿态，如图 6-8 所示。半侧面的姿态和背面的姿态也用得较多，如图 6-9 所示。

二、站立躯干线

站立时的姿态躯干线有竖直形、扭转形和"S"形 3 种，如图 6-10 所示。竖直形适合表现严肃形态，一般情况下不用；扭转形有一定灵动感，可以用于描写某些俏皮形象，但不大自然；"S"形是自然悦目的流线型，姿态优美且富有灵动感，是时装画中的主要躯干线形式。

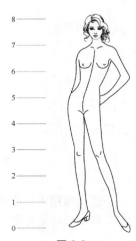

图 6-8

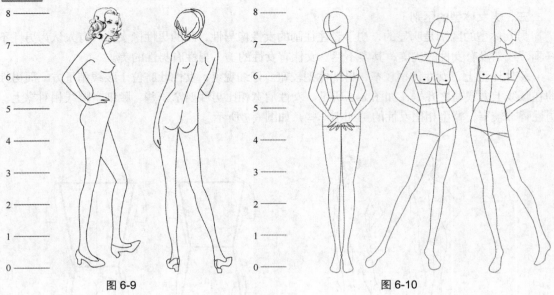

图 6-9   图 6-10

三、男性姿态

男性的轮廓线不像女性的那么柔滑，应该采用轻而刚硬的直线来表现，并且男性的骨骼比女性的更粗大。此外，男性的肩幅较宽阔，腰略粗，如图 6-11 和图 6-12 所示。

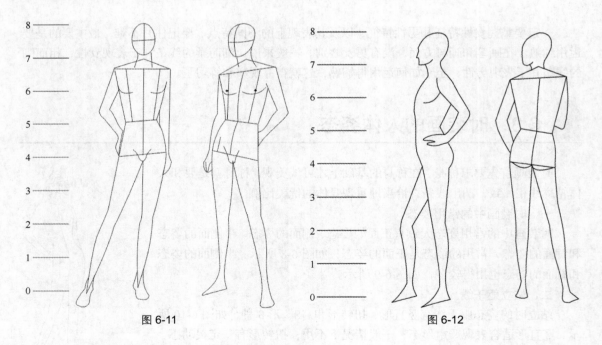

图 6-11   图 6-12

四、常用人体姿态图

常用人体姿态图如图 6-13 所示。

图 6-13

图 6-13（续）

6.4　头部的比例与画法

一、头部比例

时装画的要求和一般画的不同。如果有了好的姿态，并且与设计的款式很合适，我们还必须配合面部的表情。面部的表情与一般的画稍有区别，根据时装的需要，应该简练、概括、夸张，这样才会显得更精美。

要使头部表情更生动，就要略有一点动态和透视变化，那么头部的器官就要随着透视角度的变化而变化。从横的方向看，头长是一样的，但各种姿态的脸的宽度不一样。观察头部时，一般可以从 3 个方向来看，分别是侧面、正面、斜面。如果以头长为基准，头长与侧宽、正宽、斜宽的比例分别约为 10∶8、10∶6、10∶7，定出框架后，将其分为八等份便能确定头形及各器官的布局方式。从纵的方向看，有微仰位、正位、微俯位 3 种，纵横合起来共有 9 个姿势，如图 6-14 所示。

二、女性头部

从正面平视女性头部时，正中线是垂直的，眉线和鼻线则是平行的水平线。女性头部体积较小，颜面的隆起和结节部位没有男性的明显，但额丘、颅顶较突出。额部平直、下颌带尖、颜部趋圆。在外貌上，女性头部线条趋于柔和，形体起伏较小，如图 6-15 所示。

微仰位

正位

微俯位

侧面　　　　　正面　　　　　斜面

图 6-14

正向　　　正俯　　　正仰　　　斜侧　　　斜俯　　　斜仰

侧平　　　侧俯　　　侧仰

图 6-15

215

三、男性头部

男性头部的基本构造和比例与女性的相差不大，但男性的轮廓、器官线条比较刚直，眉眼之间特别有刚劲感，眉较粗且浓密。男性的眼睛小而深沉，嘴宽而线条分明，颌宽而有棱角，其颈粗壮并有喉结，如图 6-16 所示。

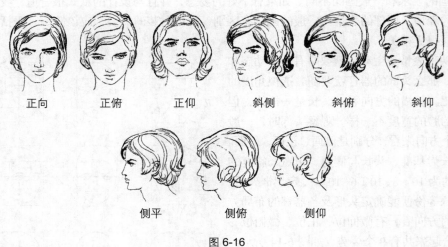

正向　　　　正俯　　　　正仰　　　　斜侧　　　　斜俯　　　　斜仰

侧平　　　　侧俯　　　　侧仰

图 6-16

四、眼睛的画法

眼睛是最能表达感情的部位。把眼睛画好可以使时装画更富有魅力。要画好眼睛，则要正确掌握眼睛的比例和位置，以及其在各种角度下的透视变换，这样才能把各种眼神表现得淋漓尽致，如图 6-17 所示。

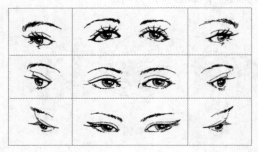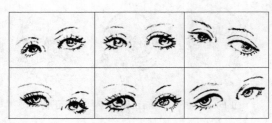

图 6-17

五、嘴唇的画法

嘴唇的修饰十分重要，无论是颜色还是形状，都很讲究。在时装画中，恰到好处的嘴唇能够增强画面的感染力。

厚而柔和的嘴唇能够表现热情、温柔的感觉，薄而尖锐的嘴唇能够表现理智的感觉。画嘴唇时，可以让嘴角略向上，表现出轻盈的笑。如果将嘴角向下斜，则充满了悲壮感，如图 6-18 所示。

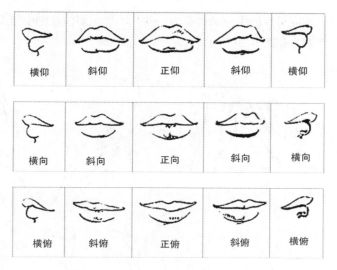

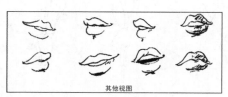

其他视图

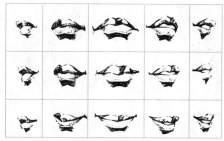

图 6-18

6.5　手和脚的画法

　　时装画中手和脚对最终效果的影响是很大、很重要的。手和脚比较难画，而且又易被人忽视。手和脚的作用是引导人的视线，脚的位置是否正确对时装画中的姿态是否优美有很大的影响。如果时装画中的手和脚画得好，不大会引人注目，但画得不好反而容易引起关注。

　　一、手的比例

　　手的长度约等于脸的长度（从发际线到下鄂），等于手宽的 2 倍，手指的全长等于手长的一半，如图 6-19 所示。

　　二、手的姿态

　　手的姿态变化是非常复杂的，因此要画好手需要靠长久的练习。时装画中的手要求纤细一些，

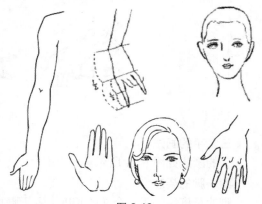

图 6-19

这样会更显得优美。男女的手要有区别，女性的手要画得柔软一些，手指也要画得长一些，这样

更能体现女性的特征。相应男性的手应画得有力一些，不过也要注意刚中带柔，直中含曲，否则会失去肌肉感。男、女的手如图 6-20 所示。

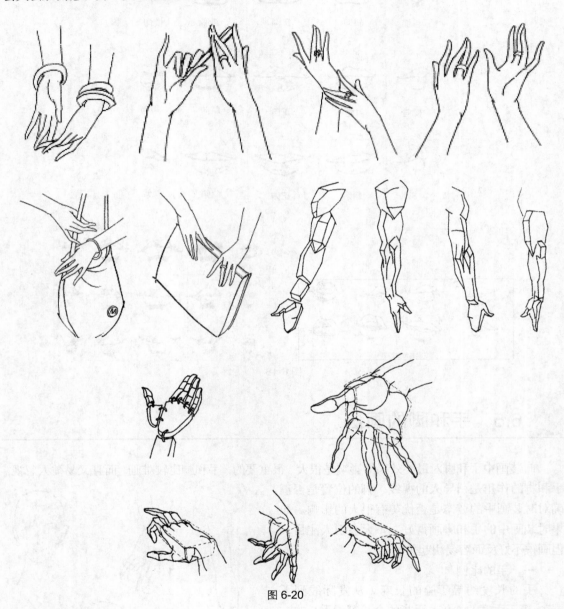

图 6-20

三、手的画法

手的画法如图 6-21 所示。

四、脚的姿态

脚的长度约等于一个头的长度，等于脚宽的 3 倍，小趾尖约在脚全长的四分之一处，拇趾的宽度占五趾宽度的三分之一。

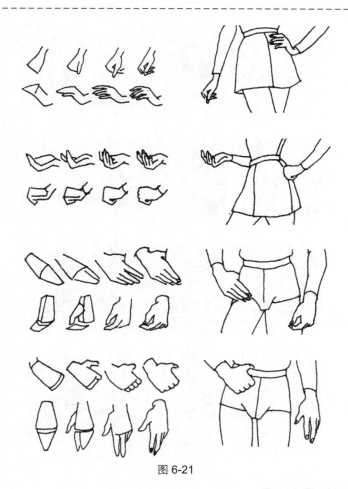

图 6-21

　　脚的形状十分重要，会影响到裙子和裤子的美观性。特别要注意膝部的位置，如果膝部的位置不正确，超短裙、中短裙就会显得不好看。修长圆润的女性脚会给人优美矫健的感觉，脚的每一个细小的变化都是值得注意的，一般适合取其靠拢和互叠的姿势，以增强其柔美性。膝盖向内靠的姿势更能体现女性的特征，如图 6-22 所示。

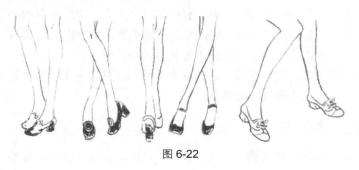

图 6-22

五、脚的画法

　　脚的画法如图 6-23 所示。

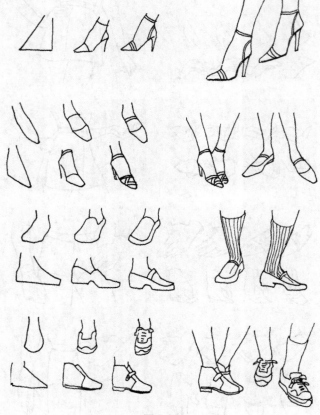

图 6-23

 # 6.6　时装画的画法

　　前文介绍了时装画中人体比例与一般绘画中人体比例的区别，以及手脚的画法等。生活中美的姿态是无限的，为了满足服装设计的表现要求，需要千姿百态的人体造型。有的是性情开朗的姿态；有的是脉脉含情、文静而含蓄的姿态；有的是亭亭玉立、姗姗来迟的姿态；有的是气度非凡、端正大方的姿态。不管姿态多么美，它的目的都是为服装设计服务，要有一定的特征性，但不要太突出和太复杂。用最简单的动态表达美感是时装画的追求。

　　如 6.3 节所说，时装画首先要求称身，在这个基础上才可谈美观。称身就是要和人体轮廓线相一致，突出线条，恰当地重现身体的优美比例。

6.6.1　时装画的整体画法

　　初学时要先突出人体的大致比例，眉线、乳线、腰线、臀线、脚线及重心，选择适当的基本姿态。

　　绘制人体时，手和脚的姿态和配合对时装画的表现起很大作用，手腕、脚踝等，可以表现女性美。

　　确定好人体姿势后，要把所设计的衣服描绘上去，要注意人体和服装的关系。什么地方该留空隙，什么地方需要向外扩展，也要注意紧贴和宽松的部位。画上服装的轮廓的同时，还要注意如何利用服装来体现女性的曲线美。最后填充颜色或服装材料，设计配饰和搭配服装的发型，完善细节的设计，如鞋子、皮包等，整个过程如图 6-24 所示。

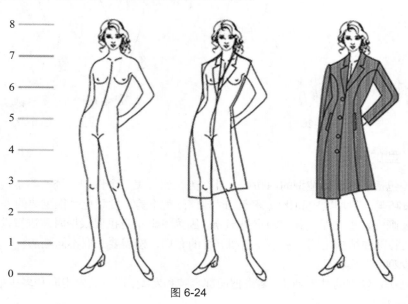

图 6-24

6.6.2　时装画的省略画法

　　省略画法在时装画中是运用得比较多的一种方法，但这一方法要在充分掌握了人体画法、速写、表情画法、基本姿态的画法、时装画法、质地的表现等方面之后，才能运用得出神入化。

　　（1）省略画法是用较少笔画，描写主要的最能表现动态特点的线条。省略画法主要强调线的平衡与疏密关系，重点要突出，次要的地方要省略，意到笔不到，加强渲染力，描绘出强烈的整体印象。

　　（2）省略画法的特点是带有一种含蓄而简洁的气氛，可以使形象更强，突出重点，而且可使画面产生一种有余不画、令人浮想的诗意。省略画法运用得好，可以获得意想不到的效果，如图 6-25 ~ 图 6-27 所示。

图 6-25

221

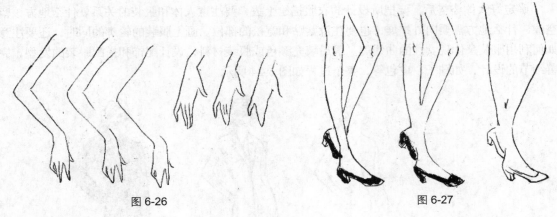

图 6-26   图 6-27

6.6.3 发型的画法

时装美包括人的整体造型的内在美、外在美、流行美、个性美、姿态美、构成美、材质美、色彩美、技巧美、附加物美和化妆美等。时装整体美不美，发型也是很重要的一个因素。

在时装画中发型是配合服装的重要部分，因为发型本身也要根据时装进行设计。绘制发型，首先要掌握脸部的结构比例、基本姿态和五官的布局，按需要采取不同画法。

（1）发型的写实画法。

写实画法是发型的基本画法，要求把面部容貌和发型，以及头发走向和多少如实地表现出来，如图 6-28 所示。

图 6-28

（2）发型的写意画法。

发型的写意画法接近省略画法，主要是抓住发型走向，用简练的几笔把发型描绘出来，能够表达意境就可以，如图 6-29 所示。

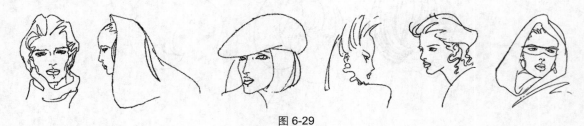

图 6-29

（3）发型的装饰画法。

发型的装饰画法运用了大胆取舍、夸张的手法，因此其整体效果更好，装饰性更强，如图 6-30 所示。

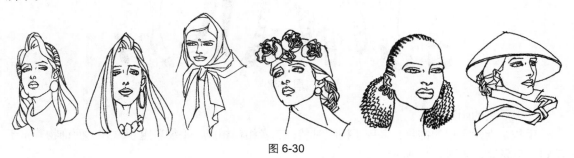

图 6-30

6.6.4　饰物的画法

在服饰中，除了上、下身的服装外，其他的都是饰物，如手套、鞋子、手袋、袜子、围巾/头巾、帽子、首饰、领带、领结、蝴蝶结、腰带等。这些饰物有些既有实用价值，又有审美价值，有的则纯粹起装饰作用。

（1）手套的画法。

手套用于保暖或纯装饰，有的比较宽松，有的则紧而薄，要注意其不同用途的表现。手套和服装是一个整体，要考虑到二者的协调性，如优雅的短袖礼服适合配上一双长的绣花手套，如图 6-31 所示。

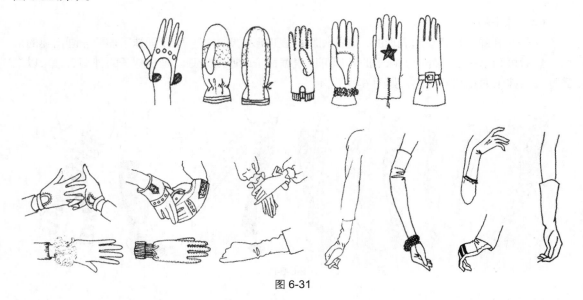

图 6-31

（2）鞋子的画法。

鞋子在时装画中是重要的饰物之一。时装画中的人体很少是光脚的，一般都会画上适合的鞋子。鞋子的质感要求不多，但款式、色彩需要表现出来，如运动鞋、便装鞋、礼鞋等。鞋还可分为高跟鞋、中跟鞋、低跟鞋、尖头鞋、圆头鞋等，这一切都需配合服装及风格进行选择，如图 6-32 所示。

图 6-32

（3）手袋的画法。

手袋是女性常用的饰物，多用于搭配时装，二者相辅相成。手袋着重于款式，而饰物着重于质感、色彩等，如图 6-33 所示。

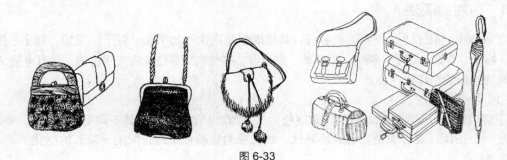

图 6-33

（4）袜子的画法。

袜子是和腿的形状一起表现的，它能使腿的表现形式更丰富。所以画袜子前要先画出腿的形状，然后再画出袜子的外形。袜子的外形可以根据袜子的厚薄来画。画好袜子的外形后，可以细致地描绘袜子的花纹或花边，如图 6-34 所示。

图 6-34

（5）围巾/头巾的画法。

围巾/头巾的佩戴方法与服装整体款式相协调，能够增添整体的美感。

围巾/头巾可通过折叠、打结等方式产生各种形状和褶皱。这些形状和褶皱的表现是画好头巾/围巾应该注意的地方。画围巾/头巾时应根据整体服装，抓住大的形状，把褶皱的疏密、虚实处理好，同时还要注意围巾和头巾不同质感的表现，如图 6-35 所示。

图 6-35

（6）帽子的画法。

帽子除了有防寒、防晒的作用外，也具有装饰的作用，可使单纯的服装变得丰富、有情趣。

画帽子前要先了解人体头部与帽子的关系。头部与帽子的关系就是凹与凸的组合，帽顶和帽檐是帽型的关键部分。画帽顶要注意掌握帽顶的高度，以表现出它与头部间的空隙，并且要注意面部、发型及帽子这三者之间的关系，如图 6-36 所示。

图 6-36

（7）首饰的画法。

首饰主要起装饰作用。戒指、耳环、手镯、项链等都属于首饰。

在时装画中画首饰时，应着眼于款式的画法，通过款式来表现首饰的风格，以衬托出服装的整体美感，如图 6-37 所示。

（8）领带、领结、蝴蝶结、腰带的画法。

画领带、领结与蝴蝶结时，要表现出适当的松紧度，不要让人感到系得太紧或太松，要细致地描绘出领带、领结与蝴蝶结的结构、花色，如图 6-38 所示。

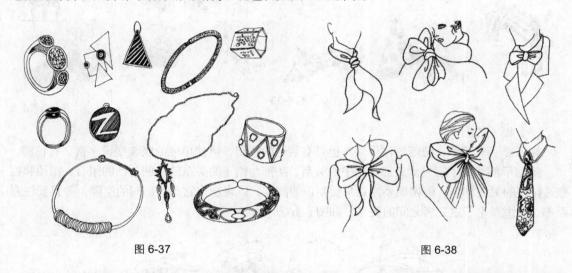

图 6-37　　　　　　　　　　　　　　图 6-38

此外，蝴蝶结可以用在全身，在描绘蝴蝶结时，应注意它的大小与服装的比例要协调。蝴蝶结的结构要明确表现出来，如图 6-39 所示。

图 6-39

腰带由腰带头和腰带身两部分组成，在画腰带时，要注意表现出腰带头处的衔接关系及它们各自的结构特征，如图 6-40 所示。

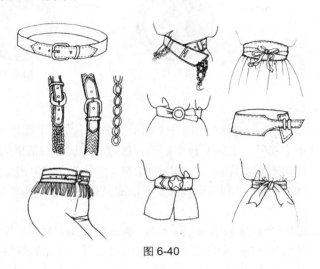

图 6-40

 ## 6.7　常用服饰配件的数字化绘制

　　服饰配件在服装设计中是重要的设计内容之一，其数字化绘制方法也是数字化服装设计中的重要技能，因此需要掌握服饰配件的数字化绘制方法。本节主要介绍各种常用纽扣、珍珠项链和珍珠手链及拉链的绘制方法。

6.7.1　常用纽扣的绘制

　　1．衬衣纽扣的绘制。

　　利用椭圆形工具 ⓞ，按住 Ctrl 键绘制一个圆形。单击【变换】面板中的大小图标 回，设置其直径为 1cm。利用椭圆形工具 ⓞ，再绘制两个直径为 0.15cm 的圆形，作为纽扣的穿线孔。单击调色板中的相应颜色，为扣子填充白色，为穿线孔填充黑灰色，如图 6-41 所示。

　　2．普通上衣纽扣的绘制。

　　利用椭圆形工具 ⓞ，按住 Ctrl 键绘制一个圆形。单击【变换】面板中的大小图标 回，设置其直径为 2cm，并单击调色板中的灰色，为其填充灰色。单击【变换】面板中的大小图标 回，设置【副本】为 "1"，单击【应用】按钮，再制一个圆形，按住 Shift 键将其缩小，并为其填充线性渐变。利用椭圆形工具 ⓞ 绘制一个圆形，设置其直径为 0.25cm，作为穿线孔。通过再制、移动位置的方法绘制出其他穿线孔，最终效果如图 6-42 所示。

　　3．无眼上衣纽扣的绘制。

　　利用椭圆形工具 ⓞ，按住 Ctrl 键绘制一个圆形。单击【变换】面板中的大小图标 回，设置其直径为 2cm，并单击调色板中的灰色，为其填充灰色。单击【变换】面板中的大小图标 回，设置【副本】为 "1"，单击【应用】按钮，再制一个圆形，按住 Shift 键将其缩小，并为其填充径向渐变，如图 6-43 所示。

图 6-41

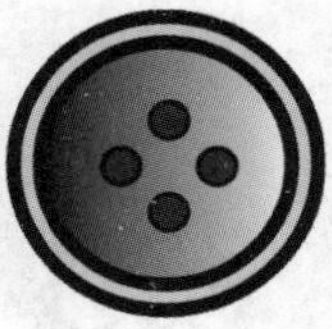

图 6-42

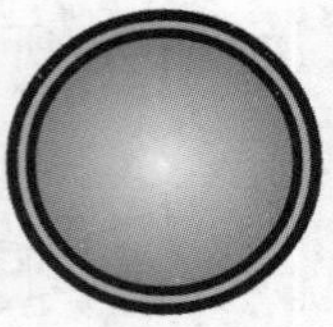

图 6-43

4. 中式布纽扣的绘制。

利用椭圆形工具 ◎ ，按住 Ctrl 键，绘制一个圆形。单击【变换】面板中的【大小】图标 ⊡ ，设置其直径为 2cm。利用【选择】工具 ▶ 选中圆形，通过对象属性对话框的轮廓选项，将【轮廓宽度】设置为 0.15cm。利用矩形工具 ▢ ，在圆形中绘制 4 个矩形，并单击交互式属性栏中的 ◎ 图标，将 4 个矩形均转换为曲线图形。利用形状工具 ▶ ，拖曳相关线条，修改为图 6-44 所示的形状。

5. 叶型纽扣的绘制。

利用矩形工具 ▢ 绘制一个宽度为 3cm、高度为 1.2cm 的矩形。利用手绘工具 ▨ ，沿矩形对角线绘制连续、封闭的两条重合直线。利用形状工具 ▶ 框选直线，单击属性栏中的 ▨ 图标，将其转换为曲线。利用形状工具 ▶ ，参照图 6-45，分别使其向上、向下弯曲。双击状态栏中的编辑填充图标 ◈ ，在弹出的对话框中单击渐变填充图标 ▨ ，为其填充径向渐变。利用阴影工具 ▢ 为其添加阴影。删除开始时绘制的矩形，将叶型轮廓设置为灰色，如图 6-45 所示。

6. 菱形纽扣的绘制。

利用矩形工具 ▢ ，按住 Ctrl 键绘制一个边长为 2.5cm 的正方形。利用选择工具 ▶ 选中正方形，单击使其处于旋转状态，将其旋转 45°。重新选中图形，在上边中间的控制柄上按住鼠标左键并拖曳，使其变为菱形，并为其填充灰色。单击【变换】面板中的大小图标 ⊡ ，设置【副本】为"1"，单击【应用】按钮，再制一个菱形，按住 Shift 键，拖曳鼠标使其缩小，并双击状态栏中的编辑填充图标 ◈ ，在弹出的对话框中单击渐变填充图标 ▨ ，为其填充径向渐变，利用阴影工具 ▢ 为其添加阴影，如图 6-46 所示。

图 6-44

图 6-45

图 6-46

7. 方形纽扣的绘制。

（1）利用矩形工具 ▢ 绘制一个边长为 2cm 的正方形。选择【效果】→【斜角】命令，打开【斜角】面板。

（2）参照图 6-47 进行适当设置，单击【应用】按钮。利用椭圆形工具 ◎ 绘制 4 个穿线孔，并为其填充黑灰色，如图 6-48 所示。

8. 椭圆形纽扣的绘制。

（1）利用椭圆形工具 ◎ 绘制一个椭圆形，单击【变换】面板中的大小图标 ⊡ ，设置其宽度为 2cm、高度为 1.25cm。打开【斜角】面板，具体参数设置如图 6-49 所示。

（2）单击【应用】按钮。利用椭圆形工具 ◎ 绘制两个穿线孔，并为其填充黑灰色，如图 6-50 所示。

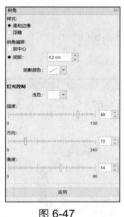

图 6-47

图 6-48

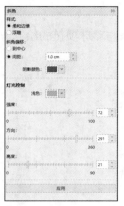

图 6-49

图 6-50

6.7.2 珍珠项链和珍珠手链的绘制

1. 珍珠项链的绘制。

（1）利用椭圆形工具 ⊙ 绘制一个小圆形，再制一个小圆形，将其水平拖曳到右侧适当位置，如图 6-51 所示。

（2）利用混合工具 ⬚，设置【调和对象】为"20" ⬚ 20 ，在左侧小圆形上按住鼠标左键并将其拖到右侧小圆形上，形成系列调和图形，如图 6-52 所示。

（3）利用手绘工具 ⬚ 和形状工具 ⬚ 绘制一条图 6-53 所示的曲线，作为新路径。

图 6-51   图 6-52   图 6-53

（4）利用选择工具 ⬚ 选中图 6-52 所示的图形，单击混合工具 ⬚，再单击路径属性图标 ⬚，这时鼠标指针变为黑色大箭头，单击图 6-53 所示的新路径，所有珍珠都被均匀分布在新路径上，如图 6-54 所示。如果珠粒重叠或有间隙，可以通过调整路径长度或调和步数来解决。

（5）利用选择工具 ⬚ 选中图形，用鼠标右键单击调色板中的 ⬚ 图标，选择【设置轮廓颜色】命令，不显示轮廓和路径，如图 6-55 所示。

图 6-54

图 6-55

2．珍珠手链的绘制。

珍珠手链的绘制方法与珍珠项链的绘制方法相同，效果如图 6-56 ~ 图 6-60 所示。

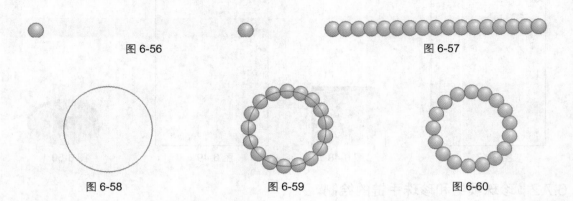

图 6-56　　　　　　　　　　　　　　　　　　　　图 6-57

图 6-58　　　　　　　　　图 6-59　　　　　　　　　图 6-60

6.7.3　拉链的绘制

1．拉链环一的绘制。

（1）利用椭圆形工具 ◯ 绘制一个圆形，再绘制一个竖向的椭圆形，如图 6-61 所示。

（2）单击【变换】面板中的大小图标 ⬚，设置【副本】为 "1"，分别再制圆形和椭圆形。利用选择工具 ➤，按住 Shift 键缩小再制的图形。分别选中两个圆形和两个椭圆形，单击属性栏中的合并图标 ⬛，分别将它们结合为一个图形，形成圆环和椭圆环，如图 6-62 所示。

（3）利用手绘工具 ⭤ 和形状工具 ⭧ 绘制圆环和椭圆环的结合部件，如图 6-63 和图 6-64 所示。

（4）为结合部件填充浅灰色，为圆环和椭圆环填充线性渐变，如图 6-65 所示。

图 6-61　　　　图 6-62　　　　图 6-63　　　　图 6-64　　　　图 6-65

2．拉链环二的绘制。

（1）利用矩形工具 ▢ 绘制一个矩形。利用椭圆形工具 ◯ 绘制一个竖向的椭圆形，如图 6-66 所示。

（2）利用矩形工具 ▢ 和椭圆形工具 ◯ 再制一个矩形和一个横向的椭圆形。选中两个椭圆形，单击属性栏中的合并图标 ⬛，将它们结合为一个图形，形成椭圆环，如图 6-67 所示。

（3）利用手绘工具 ⭤ 和形状工具 ⭧ 绘制上下图形的结合部件，如图 6-68 和图 6-69 所示。

（4）为结合部件填充浅灰色，为上下两个图形填充线性渐变，如图 6-70 所示。

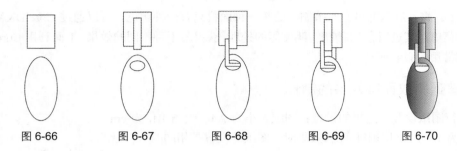

| 图 6-66 | 图 6-67 | 图 6-68 | 图 6-69 | 图 6-70 |

3. 拉链的绘制。

（1）利用矩形工具□绘制一个竖向矩形，如图 6-71 所示。

（2）利用矩形工具□在矩形下面绘制两个并排的小矩形，如图 6-72 所示。

（3）利用矩形工具□在矩形下部绘制一组拉链齿，如图 6-73 所示。

（4）利用选择工具▶选中拉链齿，单击属性栏中的组合对象图标▣，将其打组。单击【变换】面板中的位置图标⊞，设置垂直数据为与拉链齿组相同的数据，连续单击【应用】按钮，直至拉链齿组布满整个矩形。参照拉链环二的绘制方法绘制拉链环，最终效果如图 6-74 所示。

（5）通过调色板为矩形和拉链齿分别填充深灰色和浅灰色。双击状态栏中的编辑填充图标◈，在弹出的对话框中单击渐变填充图标▦，为拉链环填充线性渐变，如图 6-75 所示。

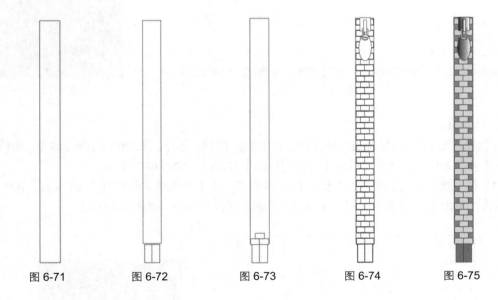

| 图 6-71 | 图 6-72 | 图 6-73 | 图 6-74 | 图 6-75 |

 # 6.8　常用服装面料效果的制作

　　使用 CorelDRAW 2021 绘制时装画时，经常会通过对图形填充面料来获得不同效果。因此我们需要提前制作若干常用服装面料的效果图形，并将其存储为位图，使用时通过【属性】面板中的填充选项，将其导入即可。本节制作的每一种面料只有一种颜色，可以通过 CorelDRAW 2021 的【效果】菜单对其进行色相、纯度、明度等的处理，获得若干种不同的效果。下面利用 CorelDRAW 2021 绘制常用的服装面料。

6.8.1 普通斜纹面料效果的制作

先进行图纸设置，这里的设置：图纸大小为 A4、绘图单位为 cm、绘图比例为 1∶1（制作服装面料效果时，图纸的设置是相同的，以后不再叙述）。

1. 绘制正方形。

利用矩形工具 □ 绘制一个边长为 7cm 的正方形，如图 6-76 所示。

2. 填充颜色。

选中正方形，单击调色板中的紫色，如图 6-77 所示，为其填充紫色，效果如图 6-78 所示。

图 6-76

图 6-77

图 6-78

3. 转换位图。

（1）选中正方形，用鼠标右键单击调色板中的 □ 图标，选择【设置轮廓颜色】命令。选择【位图】→【转换为位图】命令，打开【转换为位图】对话框，如图 6-79 所示。

（2）将【颜色模式】设置为"RGB 色（24 位）"，将【分辨率】设置为"100"dpi，其他设置保持默认，单击【OK】按钮，将 CorelDRAW 图形转换为位图，如图 6-80 所示。

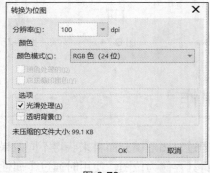

图 6-79

图 6-80

4. 面料效果制作。

（1）选中位图，选择【效果】→【创造性】→【织物】命令，打开【织物】对话框，如图 6-81 所示。

（2）将【样式】设置为"刺绣"，将【粗细】设置为"50"，将【完成】设置为"100"，将【亮度】设置为"75"，将【旋转】设置为"0°"，单击【OK】按钮，将位图修改为普通斜纹面料的效果，如图 6-82 所示。

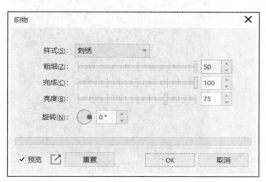

图 6-81

图 6-82

提示：勾选【织物】对话框中的【预览】复选框后，在调整过程中，可以随时看到调整后的效果。

6.8.2 牛仔布面料效果的制作

1. 绘制正方形。

利用矩形工具□绘制一个边长为 7cm 的正方形，如图 6-83 所示。

2. 填充颜色。

选中正方形，单击调色板中的蓝色，为其填充蓝色，如图 6-84 所示。

图 6-83

图 6-84

3. 转换位图。

（1）选中正方形，用鼠标右键单击调色板中的⊠图标，选择【设置轮廓颜色】命令，去除图形的轮廓。选择【位图】→【转换为位图】命令，打开【转换为位图】对话框，如图 6-85 所示。

（2）将【颜色模式】设置为 "RGB 色（24 位）"，将【分辨率】设置为 "100" dpi，其他设置保持默认，单击【OK】按钮，将 CorelDRAW 图形转换为位图，如图 6-86 所示。

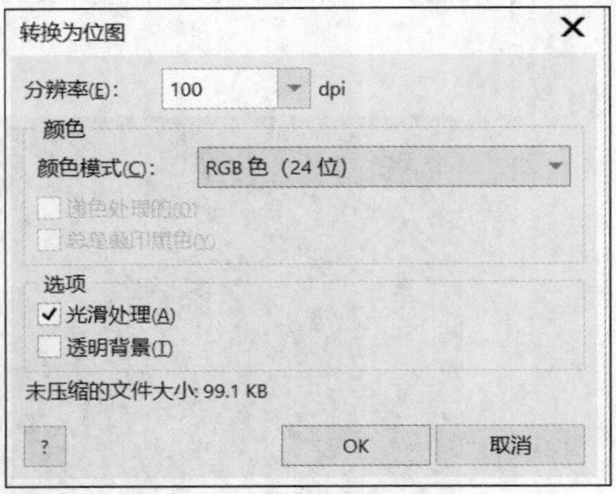

图 6-85

图 6-86

4. 面料效果制作。

（1）选中位图，选择【位图】→【创造性】→【织物】命令，打开【织物】对话框，如图 6-87 所示。

（2）将【样式】设置为 "刺绣"，将【粗细】设置为 "50"，将【完成】设置为 "100"，将【亮度】设置为 "70"，将【旋转】设置为 "90°"，单击【OK】按钮，将位图修改为牛仔布面料的效果，如图 6-88 所示。

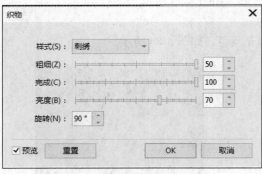

图 6-87

图 6-88

6.8.3　毛绒面料效果的制作

1. 绘制正方形。

利用矩形工具绘制一个边长为 7cm 的正方形，如图 6-89 所示。

2. 填充颜色。

选中正方形，单击调色板中的紫色，为其填充紫色，如图 6-90 所示。

图 6-89

图 6-90

3. 转换位图。

（1）选中正方形，用鼠标右键单击调色板中的 ▱ 图标，选择【设置轮廓颜色】命令，去除图形的轮廓。选择【位图】→【转换为位图】命令，打开【转换为位图】对话框，如图 6-91 所示。

图 6-91

（2）将【颜色模式】设置为"RGB 色（24 位）"，将【分辨率】设置为"100"dpi，其他设置保持默认，单击【OK】按钮，将 CorelDRAW 图形转换为位图，如图 6-92 所示。

图 6-92

4. 面料效果制作。

（1）选中位图，选择【位图】→【创造性】→【织物】命令，打开【织物】对话框，如图 6-93 所示。

（2）将【样式】设置为"刺绣"，将【粗细】设置为"35"，将【完成】设置为"50"，将【亮度】设置为"90"，将【旋转】设置为"0°"，单击【OK】按钮，将位图修改为毛绒面料的效果，如图 6-94 所示。

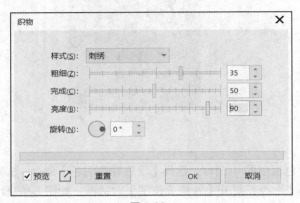

图 6-93

图 6-94

6.8.4　麻布面料效果的制作

1．绘制正方形。

利用矩形工具□绘制一个边长为 7cm 的正方形，如图 6-95 所示。

2．填充颜色。

选中正方形，双击状态栏中的编辑填充图标◇，在弹出的对话框中单击均匀填充图标■，如图 6-96 所示，设置相关参数，为其填充米驼色，如图 6-97 所示。

3．转换位图。

（1）选中正方形，用鼠标右键单击调色板中的⊘图标，选择【设置轮廓颜色】命令，去除图形的轮廓。选择【位图】→【转换为位图】命令，打开【转换为位图】对话框，如图 6-98 所示。

图 6-95

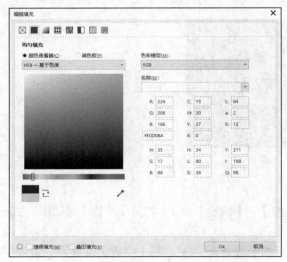

图 6-96

图 6-97

（2）将【颜色模式】设置为"RGB 色（24 位）"，将【分辨率】设置为"100"dpi，其他设置保持默认，单击【OK】按钮，将 CorelDRAW 图形转换为位图，如图 6-99 所示。

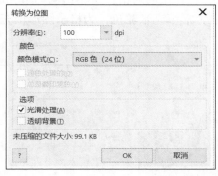

图 6-98

图 6-99

4．面料效果制作。

（1）选中位图，选择【位图】→【创造性】→【织物】命令，打开【织物】对话框，如图 6-100 所示。

（2）将【样式】设置为"刺绣"，将【粗细】设置为"10"，将【完成】设置为"100"，将【亮度】设置为"70"，将【旋转】设置为"45°"，单击【OK】按钮，将位图修改为麻布面料的效果，如图 6-101 所示。

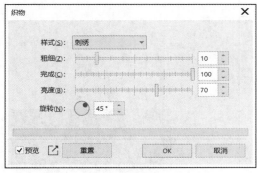

图 6-100

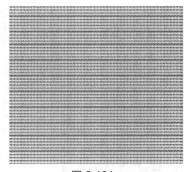

图 6-101

6.8.5　格子面料效果的制作

1．绘制正方形和格子。

利用【矩形】工具□绘制一个边长为 7cm 的正方形。利用【矩形】工具□再制一个高度为 7cm、宽度为 0.6cm 的竖条矩形，并利用【选择】工具▶，将其移动到正方形的中间位置。重复上述步骤，在竖条矩形两侧的一定距离处分别再绘制两个相对较细的同高度竖条矩形。利用【选择】工具▶选中绘制好的 3 个竖条矩形，通过【变换】窗口的【大小】选项，设置副本为"1"，单击【应用】按钮，复制一组新的竖条组。在选中新竖条组的状态下再次单击鼠标，使其处于旋转状态。按住 Ctrl 键，将鼠标指针放在旋转标志的一个角上，拖曳鼠标，使其旋转为水平状态，最终效果如图 6-102 所示。

2. 填充颜色。

选中图形，双击状态栏中的编辑填充图标，在弹出的对话框中单击均匀填充图标■，如图 6-103 和图 6-104 所示，设置相关参数，为正方形填充米驼色，为格子图形填充咖啡色，如图 6-105 所示。

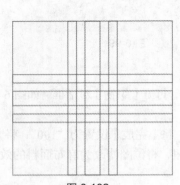

图 6-102

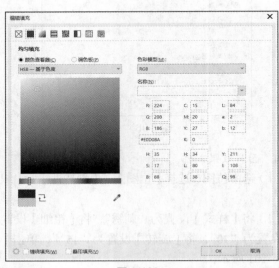

图 6-103

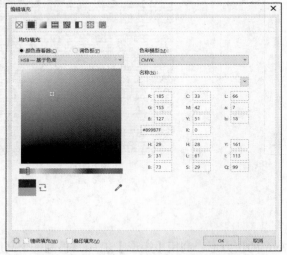

图 6-104

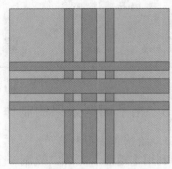

图 6-105

3. 转换位图。

（1）选中图形，用鼠标右键单击调色板中的⊘图标，选择【设置轮廓颜色】命令，去除图形的轮廓。选择【位图】→【转换为位图】命令，打开【转换为位图】对话框，如图 6-106

所示。

（2）将【颜色模式】设置为"RGB 色（24 位）"，将【分辨率】设置为"100"dpi，其他设置保持默认，单击【OK】按钮，将 CorelDRAW 图形转换为位图，如图 6-107 所示。

图 6-106

图 6-107

4. 面料效果制作。

（1）选中位图，选择【位图】→【创造性】→【织物】命令，打开【织物】对话框，如图 6-108 所示。

（2）将【样式】设置为"刺绣"，将【粗细】设置为"37"，将【完成】设置为"100"，将【亮度】设置为"50"，将【旋转】设置为"0°"，单击【OK】按钮，将位图修改为格子面料的效果，如图 6-109 所示。

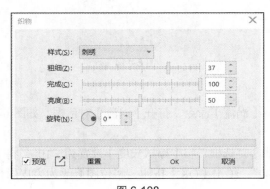

图 6-108

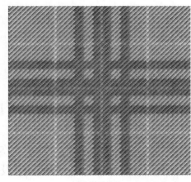

图 6-109

6.8.6　裘皮效果的制作

1. 绘制正方形。

利用矩形工具□绘制一个边长为 7cm 的正方形，如图 6-110 所示。

2. 填充颜色。

选中正方形，双击状态栏中的编辑填充图标◇，在弹出的对话框中单击均匀填充图标■，如图 6-111 所示，设置相关参数，为其填充米驼色，如图 6-112 所示。

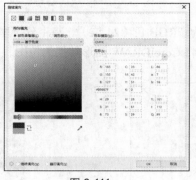

图 6-110	图 6-111	图 6-112

3. 转换位图。

（1）选中正方形，用鼠标右键单击调色板中的 ▱ 图标，选择【设置轮廓颜色】命令，去除图形的轮廓。选择【位图】→【转换为位图】命令，打开【转换为位图】对话框，如图 6-113所示。

（2）将【颜色模式】设置为"RGB 色（24 位）"，将【分辨率】设置为"100"dpi，其他设置保持默认，单击【OK】按钮，将 CorelDRAW 图形转换为位图，如图 6-114 所示。

图 6-113	图 6-114

4. 面料效果制作。

（1）选中位图，选择【效果】→【扭曲】→【涡流】命令，打开【涡流】对话框，如图 6-115所示。

（2）将【间距】设置为"150"，勾选【弯曲】复选框，将【擦拭长度】设置为"10"，将【扭曲】设置为"50"，将【条纹细节】设置为"100"，单击【OK】按钮，将位图修改为裘皮面料的效果，如图 6-116 所示。

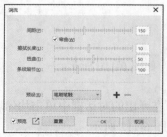

图 6-115	图 6-116

6.8.7　毛线编织效果的制作

1. 绘制一组毛线编织效果。

（1）利用矩形工具□绘制一个边长为 7cm 的正方形。利用椭圆形工具○绘制一个竖向的椭圆形。双击状态栏中的编辑填充图标◇，在弹出的对话框中单击渐变填充图标■，如图 6-117 所示，为椭圆形填充蓝灰色径向渐变。

（2）选中正方形，用鼠标右键单击调色板中的☑图标，选择【设置轮廓颜色】命令，去除图形的轮廓。

（3）单击【变换】面板中的旋转图标○，将其顺时针旋转30°。单击【变换】面板中的大小图标⬚，设置【X】为"0.4cm"、【Y】为"0.8cm"，并将其移动到正方形下面的那条边。单击【变换】面板中的位置图标⊞，设置【Y】为"0.3cm"，设置【副本】为"1"，连续单击【应用】按钮数次，直至其排布到正方形上面那条边为止，形成单排毛线编织效果。

（4）利用选择工具▶选中单排毛线编织图形，单击【变换】面板中的大小图标⬚，设置【副本】为"1"，单击【应用】按钮，再制一排图形。单击属性栏中的水平镜像图标▥，将其水平翻转。将其向右移动并与前一排对齐，形成一组毛线编织效果，如图 6-118 所示。

图 6-117

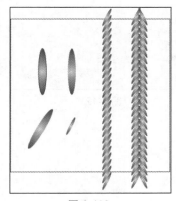

图 6-118

2. 绘制一块毛线编织效果。

利用选择工具▶选中一组毛线编织图形，将其作为一个整体。单击【变换】面板中的位置图标⊞，设置【Y】为"0.6cm"，设置【副本】为"1"，连续单击【应用】按钮数次，形成一块毛线编织效果，如图 6-119 所示。

3. 切割毛边。

利用选择工具▶选中毛线编织效果图形，将其作为一个整体。利用矩形工具□绘制矩形，用于框住一侧的毛边部分，通过【形状】面板中的【修剪】选项，分别切除周围的毛边部分，效果如图 6-120 所示。

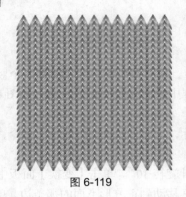

图 6-119

图 6-120

4. 转换位图。

（1）选中图形，选择【位图】→【转换为位图】命令，打开【转换为位图】对话框，如图 6-121 所示。

（2）将【颜色模式】设置为"RGB 色（24 位）"，将【分辨率】设置为"100"dpi，其他设置保持默认，单击【OK】按钮，将 CorelDRAW 图形转换为位图，如图 6-122 所示。

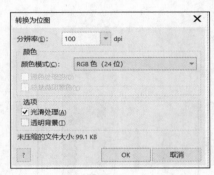

图 6-121

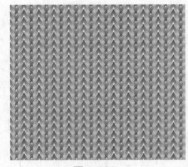

图 6-122

第 7 章

时装画的计算机表现技法

　　时装画是展现服装形式美的方式之一，是一种用来表现设计构思和服装与人体各部分关系的示意图。它着重表现服装的款式、工艺结构、材料、质地、色彩、风格和气质，注重表现人体比例和人体各部位，以及服装的造型、色彩、设计原理，是服装设计中不可缺少的重要组成部分。只有熟练地掌握和运用时装画的基本理论及表现技法，才能准确地表达自己的设计思想，并不断完善自己的构思，使设计获得成功。

　　虽然广义上可把时装画和时装效果图统称为时装画，但实际上时装画和时装效果图还是有一定区别的。

　　时装画具有独立的审美价值，侧重于表现感性的艺术效果，具备绘画艺术的特点。它以优美的造型，富有情感的色彩，众多的风格、形式，给人以美的享受，是一种理念的传达。

　　时装效果图是指表达时装设计构思的概略性的、快速的图画。服装的结构及外形的描绘力求精确，并有创意说明、面料小样及平面图，是设计师将设计思想传达给客户或制版师的第一有效途径。

　　下面以 CorelDRAW 2021 为数字化工具，介绍绘制时装画时常用的计算机表现技法。

7.1　匀线表现技法

　　匀线表现技法是最基本的方法，是一种"线描"形式。它着重于表现服装的款式、结构及质地，以及人体着装后的动态效果等。匀线表现技法要求用线简略，线的来龙去脉、疏密变化都要交代清楚。多用匀线表现一些轻薄而柔韧的面料质感，能呈现规整、精致、富有装饰性的画面。

　　下面将详细介绍用匀线表现技法绘制时装画的步骤，效果图如图 7-1 所示。

一、图纸的设置

1. 打开 CorelDRAW 2021，如图 7-2 所示。

图 7-1

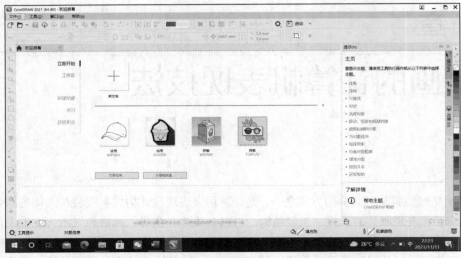

图 7-2

2. 单击新建图标，新建一张空白图纸，如图 7-3 所示。

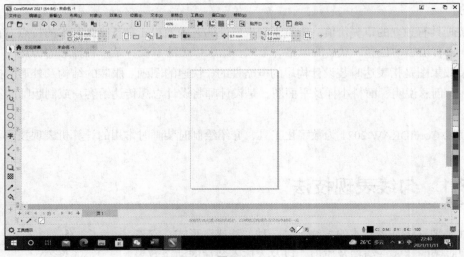

图 7-3

3. 通过属性栏对图纸进行设置，如图 7-4 所示。

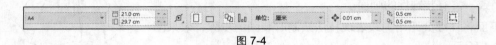

图 7-4

4. 图纸规格的设置：属性栏中的第一列用于设置图纸规格，单击右侧的下拉按钮，展开下拉列表，选择【A4】选项，完成图纸规格的设置，如图 7-5 所示。

5. 图纸方向的设置：属性栏中的第四列是图纸方向设置按钮，单击纵向按钮，设置图纸为纵向摆放，完成图纸方向的设置。

6. 绘图单位的设置：属性栏第六列是绘图单位的设置选项，单击下拉按钮 ⏷，展开绘图单位下拉列表，选择【厘米】选项，设置绘图单位为厘米，如图 7-6 所示，完成绘图单位的设置。

7. 绘图比例的设置：双击横向标尺，打开【选项】对话框，如图 7-7 所示。

图 7-5

图 7-6

图 7-7

8. 单击【标尺】选项中的【编辑缩放比例】按钮，打开【绘图比例】对话框，将【页面距离】设置为"1.0"厘米，将【实际距离】设置为"10.0"厘米，如图 7-8 所示，单击【OK】按钮，完成 1：10 的绘图比例的设置。

图 7-8

通过上述步骤，我们完成了图纸的设置，即图纸大小为 A4、呈竖向摆放，绘图单位是厘米，绘图比例是 1：10。

提示：由于绘制时装画时图纸的设置都是相同的，以后不再重复叙述。

二、绘制比例线

1. 绘制水平直线。

利用手绘工具 ⌇ 绘制一条宽度为 100cm 的水平直线，如图 7-9 所示。

2. 绘制比例线。

单击【变换】面板中的位置图标 ✛，设置垂直距离为"20.0cm"、【副本】为"9"，单击【应用】按钮，形成 10 条比例线，总高度是 180cm，如图 7-10 所示。

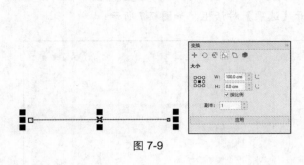

图 7-9

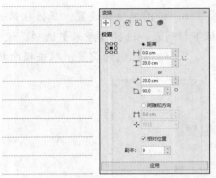

图 7-10

三、绘制人体

1. 绘制人体基线。

（1）利用手绘工具 在比例线的适当位置绘制一条竖向直线到底边，作为人体重心线。

（2）利用椭圆形工具 在最上一格绘制一个竖向的椭圆形。利用手绘工具 在第二格中上部绘制一条横向直线，单击【变换】面板中的大小图标 ，设置直线的长度为40cm，作为肩线。

（3）选中直线，单击【变换】面板中的大小图标 ，设置【副本】为"1"，再绘制一条直线，将该直线垂直移动到第四格下部，作为臀位线，如图 7-11 所示。

（4）选中所有骨架基线，单击属性栏中的组合对象图标 ，将它们组合为一个图形对象。在调色板中的红色上单击鼠标右键，选择【设置轮廓颜色】命令，将轮廓线的颜色修改为红色。

2. 绘制人体外形。

利用手绘工具 和形状工具 ，按照现有图样或预想图样，绘制手臂、胸部、腰部、臀部、下肢等，完成人体外形的绘制，如图 7-12 所示，然后将外形轮廓线的颜色修改为红色。

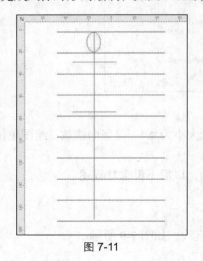

图 7-11

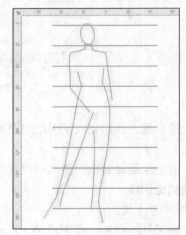

图 7-12

3. 绘制人体细部。

利用手绘工具 和形状工具 ，在人体外形和骨架的基础上进一步绘制人体，包括五官、手臂、腿脚等，如图 7-13 所示。利用选择工具 选中所有人体图形，在调色板中的红色上单击鼠标右键，将人体轮廓线的颜色修改为红色，同时单击属性栏中的组合对象图标 ⬚，将它们组合为一个对象。

四、绘制服饰

1. 绘制服装外形。

利用手绘工具 ✎ 和形状工具 ✐，在红色人体的基础上绘制服装的基本外形和人的头发，如图 7-14 所示。

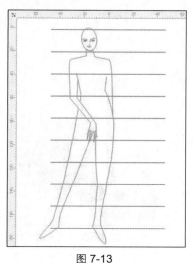

图 7-13

图 7-14

2. 绘制服装细部和人物细部。

利用手绘工具 ✎ 和形状工具 ✐ 进一步绘制服装细部和包括鼻子、嘴巴、发型等在内的人体细部，如图 7-15 所示。

3. 绘制鞋子、手镯和耳环。

利用手绘工具 ✎ 和形状工具 ✐ 绘制鞋子、手镯和耳环等，如图 7-16 所示。

图 7-15

图 7-16

五、绘制手臂和腿

利用手绘工具 和形状工具 绘制暴露在服装外面的人体部位，包括手臂、腿等。删除红色人体，完成效果图的绘制，如图 7-17 所示。

六、绘制其他效果

选择艺术笔工具 ，单击喷涂图标 ，在服装效果图的下方绘制图 7-18 中的草地效果。

图 7-17

图 7-18

7.2 粗细线表现技法

用粗细线表现服装时，要注意主次关系。主要部位可用粗线，而次要的部位可以用细线。粗细线可以结合明暗关系来画。可以用粗细线表现一些厚而软的面料质感，这样生动多变，富有很强的立体感。

下面详细介绍用粗细线表现技法绘制时装画的步骤，效果图如图 7-19 所示。

一、绘制比例线

1. 绘制水平直线。

利用手绘工具 绘制一条长度为 100cm 的水平直线，如图 7-20 所示。

2. 绘制比例线。

单击【变换】面板中的位置图标 ，设置垂直距离为 "20.0cm"、【副本】为 "9"，单击【应用】按钮，形成 10 条比例线，总高度是 180cm，如图 7-21 所示。

图 7-19

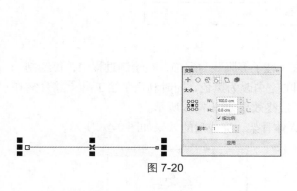

图 7-20

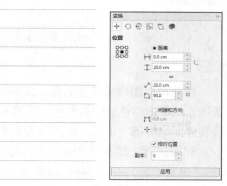

图 7-21

二、绘制人体

1. 绘制人体基线。

（1）利用手绘工具在比例线的适当位置绘制一条竖向直线到底边，作为人体重心线。

（2）利用椭圆形工具在最上一格绘制一个竖向的椭圆形。利用手绘工具在第二格中上部绘制一条横向直线，单击【变换】面板中的大小图标，设置直线的长度为40cm，作为肩线。

（3）选中直线，单击【变换】面板中的大小图标，设置【副本】为"1"，再绘制一条直线。将该直线垂直移动到第四格下部，作为臀位线。

（4）选中所有骨架基线，单击属性栏中的组合对象图标，将它们组合为一个图形对象，如图 7-22 所示。用鼠标右键单击调色板中的红色，将轮廓线的颜色修改为红色。

2. 绘制人体外形。

利用手绘工具和形状工具，按照现有图样或预想图样，绘制手臂、胸部、腰部、臀部、下肢等，完成人体外形的绘制，如图 7-23 所示，并将外形轮廓线的颜色修改为红色。

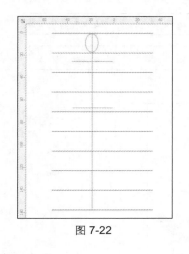

图 7-22

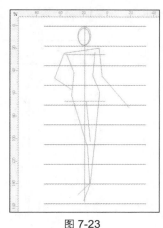

图 7-23

三、绘制服饰

在人体外形的基础上，单击艺术笔工具属性栏中的预设图标，设置手绘平滑为"50"、笔触宽度为"0.4cm"，并选择合适的笔触，如图 7-24 所示。

图 7-24

按照现有图样或预想图样，绘制帽子、上衣、鞋子等服装与配饰，在绘制过程中，每绘制一条线，就单击调色板中的黑色，将艺术笔触中间的空白改为黑色，同时利用手绘工具 将暴露在服装外面的脸部、手部、腿部等重新绘制一次，最终效果如图 7-25 所示。

利用选择工具 选中红色人体骨架，删除人体骨架，完成后的效果如图 7-26 所示。

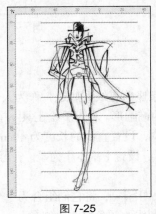

图 7-25

图 7-26

四、绘制其他效果

选择艺术笔工具 ，单击喷涂图标 ，将属性栏按照图 7-27 所示进行设置，绘制图 7-28 中的蘑菇、小草和枫叶等效果。

图 7-27

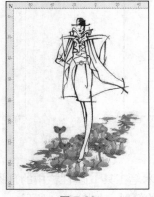

图 7-28

7.3　黑白灰表现技法

黑白灰表现技法的层次感比较强，能表现服装的色彩和质地，是时装画中用得比较多的一种方法。

下面将详细介绍用黑白灰表现技法绘制时装画的步骤，效果图如图 7-29 所示。

一、绘制比例线

利用手绘工具  绘制一条长度为 100cm 的水平直线。单击【变换】面板中的位置图标 ✛，设置垂直距离为"20.0cm"、【副本】为"10"，单击【应用】按钮，形成 11 条比例线，总高度是 200cm，如图 7-30 所示。

图 7-29

图 7-30

二、绘制人体

1. 绘制人体基线。

利用手绘工具 在比例线的适当位置绘制一条竖向直线到底边，作为人体重心线，利用手绘工具 在最上一格绘制一个竖向的椭圆形。利用手绘工具 在第二格绘制一条斜向直线，作为肩线。利用同样的方法，分别绘制腰线和臀位线，如图 7-31 所示。选中所有骨架基线，单击属性栏中的组合对象图标 ，将它们组合为一个图形对象。在调色板中的红色上单击鼠标右键，将轮廓线的颜色修改为红色。

2. 绘制人体外形。

利用手绘工具 和形状工具 ，按照现有图样或预想图样，绘制手臂、胸部、腰部、臀部、下肢等，完成人体外形的绘制并将外形轮廓线的颜色修改为红色，如图 7-32 所示。

图 7-31

三、绘制服饰

1. 利用手绘工具 和形状工具 ，在人体外形和骨架的基础上进一步绘制人体。在人体的基础上按照已有图样或预想图样，利用手绘工具 和形状工具 绘制服装等，如图 7-33 所示。

2. 利用选择工具 ▶ 选中红色人体，按 Delete 键将其删除，只保留灰色人体和服装，如图 7-34 所示。

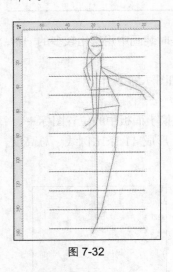

图 7-32

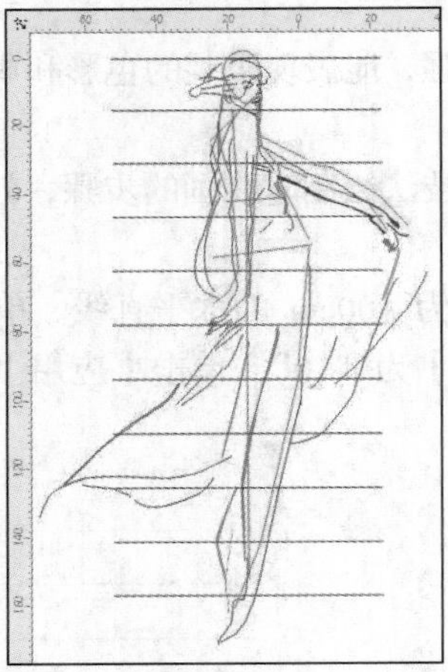

图 7-33

图 7-34

四、绘制颜色

1. 利用手绘工具 ✍、形状工具 ◝ 和艺术笔工具 ✐ ，以已有图样或预想图样为参考，分块绘制不同的图形，同时单击黑色或白色或灰色块，为该图形填充相应颜色或突出黑白灰渐变颜色。利用不同的艺术笔工具 ✐ ，分别绘制图 7-35 所示的黑色和灰色部分，以获得更好的效果。

2. 利用上述方法，进一步绘制黑、白、灰色块，使画面效果更丰富多彩，如图 7-36 所示。

图 7-35

图 7-36

五、绘制其他效果

选择艺术笔工具 ✐ ，单击喷涂图标 🖌 ，在属性栏中分别进行图 7-37 和图 7-38 所示的设置，绘制图 7-39 中的花朵和草地等效果。

图 7-37

图 7-38

图 7-39

7.4　色彩平涂表现技法

色彩平涂表现技法是一种装饰性比较强的方法，其色调均匀，色块平服细腻、厚实，有绒面感，依靠色块形状和色块之间的对比关系来表现形象的特征。色彩平涂表现技法的效果图有勾线和不勾线两种。可以用墨色勾线，也可以用彩色勾线，如蓝色的服装可以用墨色勾线，也可以用淡蓝色来勾线，后者的装饰效果更强。应用什么方法和形式可根据自己习惯和设计思想而定。

下面将详细介绍用色彩平涂表现技法绘制时装画的步骤，效果图如图 7-40 所示。

一、绘制比例线

利用手绘工具 绘制一条长度为 100cm 的水平直线。单击【变换】面板中的位置图标 ，设置垂直距离为 "20.0cm"、【副本】为 "9"，单击【应用】按钮，形成 10 条比例线，总高度是 180cm，如图 7-41 所示。

图 7-40

二、绘制人体骨架

利用手绘工具 在框架中间绘制一条竖向直线到底边，作为人体重心线。利用手绘工具 在最上一格绘制一个竖向的椭圆形。利用手绘工具 在第二格绘制一条直线，作为肩线。选中直线，单击【变换】面板中的大小图标 ，设置【副本】为 "1"，将该直线移动到第三格，利用形状工

253

具 ，对直线进行调整，作为腰线。再制一条直线，将该直线垂直移动到第四格，作为臀位线。继续绘制，使其形成两个对顶的梯形，如图 7-42 所示。

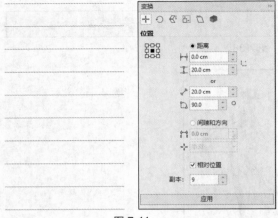

图 7-41

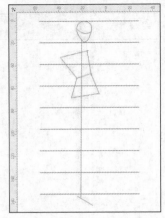

图 7-42

三、绘制人体

1. 绘制人体的直线框图。

利用手绘工具 绘制图 7-43 所示的人体直线框图。

2. 绘制人体外形。

利用形状工具 ，在人体直线框图的基础上，将相关直线分别转换为曲线，并分别修改相关曲线。利用手绘工具 和形状工具 绘制帽子、发型和面部等，使其效果更美观，并删除比例线和人体骨架，如图 7-44 所示。

四、绘制服饰

在人体外形的基础上，利用手绘工具 ，按照现有图样或预想图样，绘制上衣、裙子、鞋子等服装与配饰，在绘制过程中，要将每一个部分的图形都封闭，或将该部分图形周围的线条交叉。同时利用手绘工具 绘制手部、脚等，如图 7-45 所示。

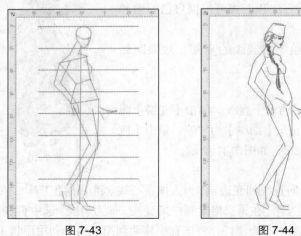

图 7-43

图 7-44

图 7-45

五、填充色彩

1. 利用手绘工具、贝塞尔工具、钢笔工具或折线工具，沿服装、配饰的外轮廓绘制封闭图形。其中，上衣 1 件、裙子 1 条、帽子 1 顶、人体 5 个，共 8 个独立的封闭图形。

2. 利用选择工具分别选中上述 8 个封闭图形，单击调色板中的相应颜色，分别为它们填充相应的颜色。

3. 利用选择工具分别选中上述 8 个封闭图形，选择【对象】→【顺序】→【到页面背面】命令，将填充色彩放在背面。

4. 利用选择工具分别选中上述 8 个封闭图形，用鼠标右键单击调色板中的图标，选择【设置轮廓颜色】命令，将它们的轮廓线删除，效果如图 7-46 所示。

5. 利用智能填充工具为未封闭的但由线条围成的部分填充相应的颜色。

图 7-46

 ## 7.5　色彩明暗表现技法

色彩明暗表现技法也是一种装饰性比较强的方法。这类服装效果图主要是利用明暗阴影来表现服装的立体效果，其绘制技法是在色彩平涂的基础上，绘制明暗阴影效果。

下面详细介绍用色彩明暗表现技法绘制时装画的步骤，效果图如图 7-47 所示。

一、绘制比例线

利用手绘工具绘制一条长度为 100cm 的水平直线。单击【变换】面板中的位置图标，设置垂直距离为 "20.0cm"、【副本】为 "9"，单击【应用】按钮，形成 10 条比例线，总高度是 180cm，如图 7-48 所示。

图 7-47

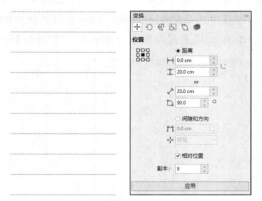

图 7-48

二、绘制人体骨架

利用手绘工具在框架中间绘制一条竖向直线到底边，作为人体重心线，利用手绘工具在最上一格绘制一个竖向的椭圆形。利用手绘工具 ![] 在第二格中上部绘制一条直线，作为肩线。选中直线，单击【变换】面板中的大小图标 ![]，设置【副本】为"1"，再制一条直线，将该直线移动到第三格，利用形状工具 ![]，对直线进行调整，作为腰线。再制一条直线，将该直线移动到第四格，作为臀位线，如图 7-49 所示。

三、绘制人体

1. 绘制人体的直线框图。

利用手绘工具 ![] 绘制图 7-50 所示的人体直线框图。

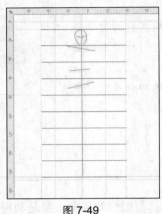

图 7-49

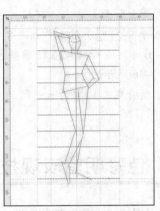

图 7-50

2. 绘制人体外形。

利用形状工具 ![]，在人体直线框图的基础上，分别将相关直线转换为曲线，分别修改相关曲线。利用手绘工具 ![] 和形状工具 ![] 绘制其他部位，得到美观的人体外形，如图 7-51 所示。

四、绘制服饰

1. 在人体外形的基础上，单击手绘工具 ![]、形状工具 ![] 和艺术笔工具 ![] 属性栏中的预设图标 ![]，并选择合适的笔触，按照现有图样或预想图样，分别绘制上衣、裙子、裤子、围巾等服装与配饰。在绘制过程中，每绘制一条线，就单击调色板中的黑色，将艺术笔触中间的空白改为黑色。同时利用手绘工具 ![] 将暴露在服装外面的脸部重新绘制一次，效果如图 7-52 所示。

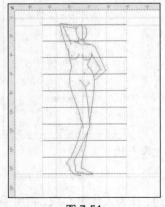

图 7-51

图 7-52

2. 利用选择工具 ▶ 选中浅红色人体，按 Delete 键删除人体，只保留服装、配饰和暴露在外的部分人体，完成服装的绘制，如图 7-53 所示。

五、填充色彩

1. 利用手绘工具 ✎ (或钢笔工具 ✍、折线工具 △)和形状工具 ✎，沿服装、配饰的外轮廓绘制封闭图形，共绘制 10 个独立的封闭图形。

2. 利用选择工具 ▶ 分别选中上述 10 个封闭图形，单击调色板中的相应颜色，为上衣、帽子、裙子、裤子等填充相应的颜色。

3. 利用选择工具 ▶ 分别选中上述 10 个封闭图形，选择【对象】→【顺序】→【到页面背面】命令，将填充色彩放在背面。

4. 利用选择工具 ▶ 分别选中上述 10 个封闭图形，用鼠标右键单击调色板中的 ⊘ 图标，选择【设置轮廓颜色】命令，将它们的轮廓线删除，如图 7-54 所示。

图 7-53　　　　　　　　　　　　　　　　图 7-54

六、绘制明暗效果

1. 根据相关的光线原理和服装、配饰的状态，利用手绘工具 ✎ 在帽子、上衣、裙子和裤子的左侧，分别绘制光亮图形，并将其封闭。

2. 利用选择工具 ▶ 分别选中上述封闭的光亮图形，单击调色板中的白色，为光亮图形填充白色。

3. 利用选择工具 ▶ 分别选中上述光亮图形，选择【对象】→【顺序】→【到页面前面】命令，将光亮填充在填色部分的前面。

4. 利用选择工具 ▶ 分别选中上述光亮图形，用鼠标右键单击调色板中的 ⊘ 图标，选择【设置轮廓颜色】命令，将填充部分的轮廓线删除，如图 7-55 所示。

七、修饰效果

利用手绘工具 ✎ 和形状工具 ✎，通过属性栏中的轮廓选项，分别绘制服装上的图案，并将图案的线条颜色设置为相应的颜色，完成数字化服装效果图的绘制，如图 7-56 所示。

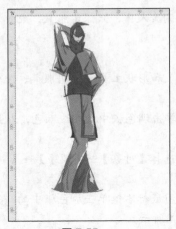

图 7-55

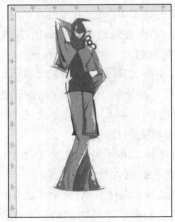

图 7-56

7.6　色彩对比表现技法

　　色彩对比表现技法是以低纯度的色调为基础，配合色相对比，由纯度控制色彩的对比与调和。整体看来，这种表现技法对比感较弱，可以说是朦胧而柔和的对比，具有使整体变柔和的特征。这里讲的对比色，其对比的范围较大，不像色相环上的直线对比。在配色时，尽管不改变色彩的面积与数量，但只要色彩的纯度有所变化，就能够改变一组对比色的对比程度，从而产生不同的对比效果。

　　下面将详细介绍用色彩对比表现技法绘制时装画的步骤，效果图如图 7-57 所示。

一、绘制比例线

　　利用手绘工具绘制一条长度为 100cm 的水平直线。单击【变换】面板中的位置图标，设置垂直距离为 "20.0cm"、【副本】为 "9"，单击【应用】按钮，形成 10 条比例线，总高度是 180cm，如图 7-58 所示。

图 7-57

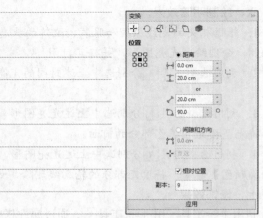

图 7-58

二、绘制人体骨架

利用手绘工具[图]在框架中间偏左位置绘制一条竖向直线到底边，作为人体重心线。利用椭圆形工具[图]在最上一格绘制一个竖向的椭圆形。利用手绘工具[图]在第二格中上部绘制一条横向直线，作为肩线。选中直线，单击【变换】面板的大小图标[图]，设置【副本】为"1"，再制一条直线，将该直线垂直移动到第四格下部，作为臀位线，如图 7-59 所示。

三、绘制人体

1. 利用手绘工具[图]和形状工具[图]，在人体骨架的基础上绘制人体的基本姿态，如图 7-60 所示。

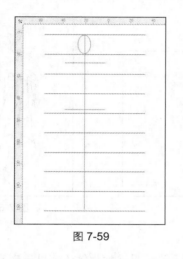

图 7-59　　　　　　　　　　　　　　　　图 7-60

2. 选中椭圆形并单击，使之处于旋转状态，逆时针旋转椭圆形使之倾斜，如图 7-61 所示。

3. 利用手绘工具[图]和形状工具[图]，按照现有图样或预想图样，绘制手臂、胸部、腰部、臀部、下肢等，完成人体图形的绘制，删除人体骨架，如图 7-62 所示。

4. 选中所有人体图形，将轮廓线的颜色设置为红色。删除比例线，只保留人体部分，如图 7-63 所示。

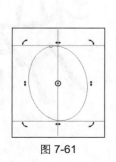

图 7-61

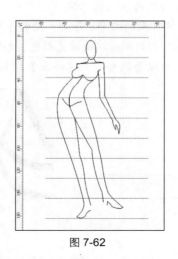

图 7-62

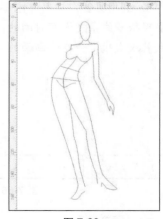

图 7-63

四、绘制服饰

1. 在人体外形的基础上，利用艺术笔工具 中的预设选项，在属性栏中设置手绘平滑度为"13"、艺术笔宽度为"0.762cm"，并选择合适的笔触。这时，先单击颜色栏中的黑色，在弹出的对话框中勾选【图形】复选框，如图 7-64 所示，然后单击【OK】按钮。这样，以后画出来的线就都是黑色实线了。

2. 按照现有图样或预想图样，绘制帽子、上衣、靴子等服装与配饰，如图 7-65 所示。如果想要画出来的线更准确，建议用贝塞尔工具 ，这样修改的时候也很方便。而艺术笔工具 比较适合搭配压感笔使用，压感笔可以模拟真笔进行图形的输入。

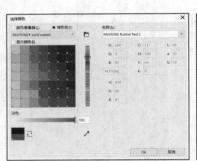

图 7-64　　　　　　　　　　　　　　　　　　　　　　　图 7-65

五、修改局部

1. 删除多余节点。用艺术笔工具 画好的曲线（无论是用鼠标指针还是用压感笔），将其放大几倍后，都会发现上面有很多的控制点（即节点），如果想让线条变得光滑，有些控制点是多余的。这时候可利用形状工具 选中多余的节点，按 Delete 键把它们删掉。

2. 设置光滑度。光滑度显示为数字"50"，如图 7-66 所示，这个值越大则表示越光滑，线条上的控制点也越少，但线条就会变得不准确，因为计算机会自动省略很多控制点，包括有用的。反之，光滑度变低，控制点就会变多，修改起来比较麻烦。

3. 利用贝塞尔工具 将暴露在服装外面的脸部、手部、腿部等重新绘制一次。把图形放大，会发现很多线条是没有封闭的，必须把它们封闭，以便填充颜色，如图 7-67 所示。有些地方的线条太长或太短，会影响画面的美观性，所以要调整一下这些线条，如图 7-68 所示。

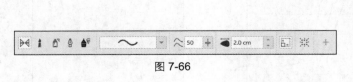

图 7-66　　　　　　　　　　　　　　　　　图 7-67　　　　　　图 7-68

六、填充色彩

1. 利用手绘工具 和形状工具 ，沿服装、配饰的外轮廓绘制封闭图形。下面以帽子做示范，如图 7-69 所示。

2．用贝塞尔工具  沿着帽子的边缘画一个封闭的图形，并为其填充相应的颜色，然后选中这个图形，打开它的【属性】面板，将宽度设置为【无】，如图 7-70 所示。这一步可以先做，这样之后就不用再做这一步骤。

图 7-69

 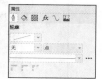

图 7-70

3．利用选择工具 选中帽子填色图形，选择【对象】→【顺序】→【向后一层】命令，将其放在后一层，如图 7-71 所示。

4．利用同样的方法绘制多层颜色，除了底色以外，高光和中间色也可以画上去，如图 7-72 ～图 7-74 所示。

图 7-71

图 7-72

图 7-73

图 7-74

5．利用同样的方法，为其他服装部件填充相应的基本颜色，再填充中间色和高光颜色等，如图 7-75 ～图 7-77 所示。

图 7-75

图 7-76

七、修饰效果

利用艺术笔工具 的画笔选项，选择合适的笔触，绘制腿部的阴影和地面的阴影等，完成数字化服装效果图的绘制，如图 7-78 所示。

图 7-77

图 7-78

 # 7.7　色彩点缀表现技法

　　色彩点缀表现技法实际上也是一种对比表现技法，只是点缀和强调的部位面积相对较小。在时装画中，有时为了避免画面色彩过于平淡，或者有意强调某一个重点，常常会运用点缀和强调的艺术手法来增强时装画的艺术效果，但是其运用要根据服装设计原理和色彩的整体性、统一性来决定，注意色彩整体的平衡效果。

　　下面将详细介绍用色彩点缀表现技法绘制时装画的步骤，效果图如图 7-79 所示。

　　一、绘制比例线

　　利用手绘工具绘制一条长度为 100cm 的水平直线。单击【变换】面板中的位置图标，设置垂直距离为"20.0cm"、【副本】为"9"，单击【应用】按钮，形成 10 条比例线，总高度是180cm，如图 7-80 所示。

图 7-79

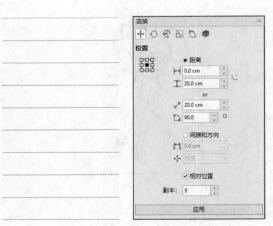

图 7-80

二、绘制人体

1. 利用手绘工具 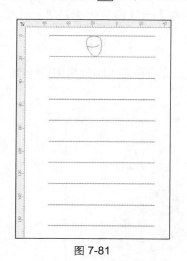 在比例线第一格的中间位置绘制一个竖向的椭圆形，作为头部的基本形状，如图 7-81 所示。

2. 利用钢笔工具 🖊 绘制人体外形的基本直线框图，如图 7-82 所示。

3. 利用手绘工具 🖊 和形状工具 🖊 绘制乳房、颈部、臀部、腿部等部位，将它们转换为曲线，并进行修改，使它们更符合人体的造型特征。同时利用选择工具 🖈 选中所有图形，单击属性栏中的组合对象图标 🖹，将它们组合为一个整体，便于以后操作，如图 7-83 所示。

图 7-81

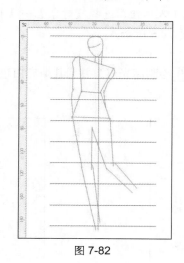

图 7-82

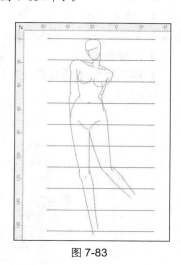

图 7-83

三、绘制服饰

1. 在人体外形的基础上，利用钢笔工具 🖊，按照已有图样或预想图样，绘制连衣裙、腰带，同时绘制头发。当服装内部的褶皱、纹理、线条绘制完成后，还要绘制头发、连衣裙、腰带、耳环等外轮廓的封闭图形，如图 7-84 所示。

2. 利用选择工具 🖈 选中比例线和人体，按 Delete 键删除比例线和人体，如图 7-85 所示。

图 7-84

图 7-85

四、填充颜色

1. 填充头发颜色。利用选择工具 选中头发外轮廓，单击调色板中的褐色，为头发填充该颜色。同时删除填充图形的外轮廓，并将填充图形放置在头发后部。

2. 填充服装颜色。利用选择工具 选中服装外轮廓，为其填充淡紫色。双击状态栏中的编辑填充图标 ，在弹出的对话框中单击渐变填充图标 ，对填充颜色进行渐变处理。同时将其放置在服装纹理、褶皱等的后面，并删除填充图形的外轮廓。

3. 填充耳环和腰带颜色。利用选择工具 选中耳环和腰带的外轮廓，为它们填充翠绿色。

4. 填充人体颜色等。最后选中人体组，选择【对象】→【顺序】→【向后一层】命令，并将其放置在后一层，最终效果如图 7-86 所示。

五、修饰效果

利用手绘工具 和形状工具 绘制高光点，并为其填充白色，完成色彩点缀效果图的绘制，如图 7-87 所示。

图 7-86

图 7-87

六、利用 Corel PHOTO-PAINT 绘制其他效果

利用 CorelDRAW 自带的 Corel PHOTO-PAINT 绘制项链、腰链、花、草等。

（1）打开 Corel PHOTO-PAINT，单击图像喷涂工具 ，展开【笔刷类型】下拉列表，选择【自定义图像喷涂】选项，在属性栏中进行适当的设置，如图 7-88 所示，在效果图中绘制项链。

（2）利用上述方法，在属性栏中进行适当的设置，如图 7-89 所示，在效果图中绘制腰链。

图 7-88

图 7-89

（3）利用同样的方法分别绘制花和草等，如图 7-90 所示。

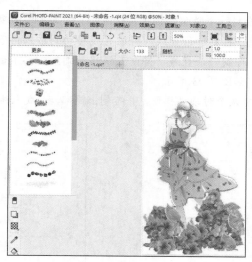

图 7-90

 ## 7.8 色彩调和表现技法

色彩调和表现技法也是一种装饰性比较强的方法，其色调均匀，色块平服细腻、厚实，有绒面感，它是依靠色块形状和色块之间的对比关系来表现形象的特征的。

下面将详细介绍用色彩调和表现技法绘制时装画的步骤，效果图如图 7-91 所示。

一、绘制比例线

利用手绘工具 绘制一条长度为 100cm 的水平直线。单击【变换】面板中的位置图标 ，设置垂直距离为"20.0cm"、【副本】为"9"，单击【应用】按钮，形成 10 条比例线，总高度是180cm，如图 7-92 所示。

图 7-91

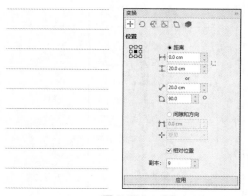

图 7-92

二、绘制人体

1. 利用手绘工具 在框架中间偏左位置绘制一条竖向直线到底边，作为人体重心线，利用

椭圆形工具 在最上一格绘制一个竖向的椭圆形。利用手绘工具 在第二格中下部绘制一条横向直线，作为肩线。选中直线，再制一条直线，将该直线移动到第三格下部，利用形状工具 ，对直线进行调整，作为腰线。再制一条直线，将该直线移动到第四格下部，利用形状工具 ，对直线进行调整，作为臀位线，如图 7-93 所示。

2. 利用手绘工具 绘制两个对顶的梯形，并绘制出腿部，形成人体直线框图，如图 7-94 所示。

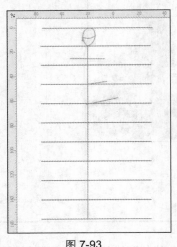

图 7-93

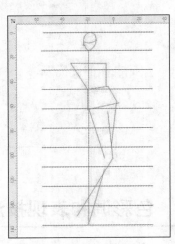

图 7-94

3. 利用形状工具 ，在人体直线框图的基础上，分别将相关直线转换为曲线，并修改相关曲线。利用手绘工具 和形状工具 绘制发型和面部等，使其更美观，如图 7-95 所示。

4. 利用选择工具 选中比例线和人体骨架，删除比例线和人体骨架，只保留绘制好的人体图形，并将轮廓线的颜色设置为红色，如图 7-96 所示。

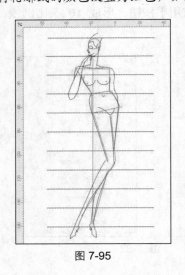

图 7-95

图 7-96

三、绘制服饰

1. 在人体外形的基础上，利用手绘工具 和形状工具 ，按照现有图样或预想图样，绘制上衣、裙子、鞋子等服装与配饰，在绘制过程中，要将每一个部分的图形都封闭，或将该部分图形周围的线条交叉。同时利用手绘工具 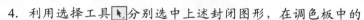 和形状工具 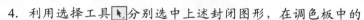 细化脸部、手部、腿部等暴露在服装外面的部位，如图 7-97 所示。

图 7-97

2. 利用选择工具 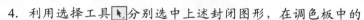 选中红色人体图形，按 Delete 键删除红色人体，如图 7-98 所示。

四、填充色彩

1. 利用手绘工具 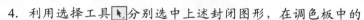 和形状工具 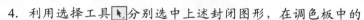，沿服装、配饰等的外轮廓绘制封闭图形。

2. 利用选择工具 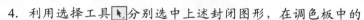 分别选中上述封闭图形，单击调色板中的相应颜色，为其填充相应的颜色。

3. 利用选择工具 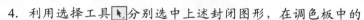 分别选中上述封闭图形，选择【排列】→【顺序】→【向后一层】命令，将其放在后一层。

4. 利用选择工具 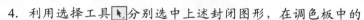 分别选中上述封闭图形，在调色板中的 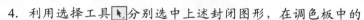 图标上单击鼠标右键，选择【设置轮廓颜色】命令，将填充部分的轮廓线删除，如图 7-99 所示。

五、修饰效果

利用手绘工具  和形状工具 ，在服装内部分别绘制不同形态和不同颜色的图样，如图 7-100 所示。

图 7-98

图 7-99

图 7-100

六、绘制其他效果

打开 CorelDRAW 2021 自带的 Corel PHOTO-PAINT，选择图像喷涂工具 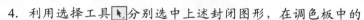，在属性栏的【笔刷类型】下拉列表中选择"玻璃"样式，绘制项链；选择"气泡"样式，绘制腰链；选择"树叶"样式，在效果图的下部绘制树叶，如图 7-101 所示。

图 7-101

 ## 7.9 材料填充表现技法

　　材料填充表现技法是时装画中常用的一种方法，该方法容易掌握，表现效果真实，在设计相同材料的不同色彩系列时非常好用。

　　下面将详细介绍用材料填充表现技法绘制时装画的步骤，效果图如图 7-102 所示。

一、绘制比例线

　　利用手绘工具 绘制一条长度为 100cm 的水平直线。单击【变换】面板中的位置图标 ，设置垂直距离为"20.0cm"、【副本】为"9"，单击【应用】按钮，形成 10 条比例线，总高度是 180cm，如图 7-103 所示。

图 7-102

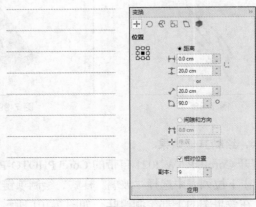

图 7-103

二、导入人体

如果导入的是预先绘制完成的 CorelDRAW 人体图形，则选择适当的人体图形，通过复制粘贴的方法将其导入文件中，如图 7-104 所示。如果导入的是位图，则可单击导入图标 ⊡，将适当的人体图片导入文件中。

三、绘制服饰

利用手绘工具 ⚘ 和形状工具 ⚘，按照预想效果绘制图 7-105 所示的服装，注意绘制的各个服装部件必须是封闭图形。

图 7-104

图 7-105

四、填充服装材料

1. 利用选择工具 ⚘ 分别选中各个服装部件，打开【属性】面板中的【填充】选项，如图 7-106 所示。面板下方是精细控制选项，如图 7-107 所示。

2. 单击导入图标 ＋，打开图 7-108 所示的【导入】对话框，选择适当的服装材料，单击【导入】按钮，将选择的服装材料分别填充到相应的服装部件内，完成材料填充服装效果图的绘制，如图 7-109 所示。

图 7-106

图 7-107

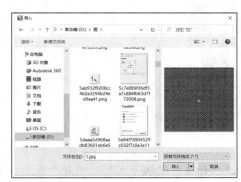

图 7-108

图 7-109

五、不同服装材料的填充效果

不同服装材料的填充效果如图 7-110 所示。

图 7-110

 # 7.10　裘皮大衣效果图的绘制

中长女式裘皮大衣的款式简洁大方，色彩稳重华丽，效果高贵典雅，体现了中年女士的风韵，其绘制要点是利用软件的位图功能制作裘皮图样，然后将裘皮图样填充到服装的各部件中。

下面将详细介绍用 CorelDRAW 2021 绘制裘皮大衣效果图的步骤，效果图如图 7-111 所示。

一、绘制衣身

1.　利用矩形工具 □ 绘制一个矩形。单击【变换】面板中的大小图标 ⬚，设置矩形的宽度为 40cm、高度为 100cm。单击属性栏中的 ⟳ 图标，将矩形转换为曲线，如图 7-112 所示。

图 7-111

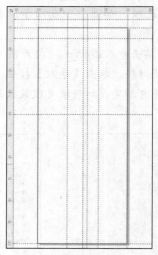

图 7-112

2.　利用形状工具 ⬚ ，依次在领口、腰线等部位增加若干节点，并移动相应节点，得到衣身图形，如图 7-113 所示。

二、绘制领子和门襟

1. 利用手绘工具 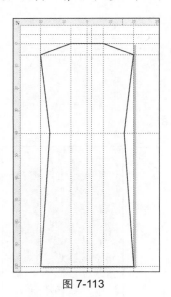 和形状工具 ，参照驳领的绘制方法绘制领子，如图 7-114 所示。

2. 利用手绘工具 绘制门襟线。利用椭圆形工具 绘制扣子。利用形状工具 修改衣身底边，使其具有两片交叉的效果，如图 7-115 所示。

图 7-113

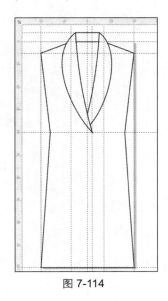

图 7-114

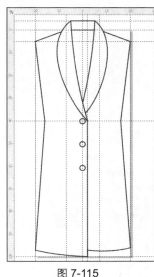

图 7-115

三、绘制衣袖

利用手绘工具 和形状工具 ，参照圆装袖的绘制方法绘制袖子，并将袖山向上突起，如图 7-116 所示。

四、制作并填充裘皮效果

1. 制作裘皮效果图。参照 6.8.6 小节制作裘皮效果的方法制作裘皮材料图，如图 7-117 所示。

2. 单击选择工具 选中图片，接着单击常用工具栏中的导出按钮 ，打开【导出】对话框，如图 7-118 所示。将【文件名】设置为"裘皮效果"，单击【导出】按钮。打开【转换为位图】对话框，将宽度和高度均设置为 30mm，再单击【OK】按钮，将其存储在文件夹内备用。

3. 填充效果。选中款式图中的所有衣片图形，单击【属性】面板中【填充】选项的位图图样填充图标 。单击【新来源】按钮 ，在展开的下拉列表中选择【来自文件的新源】选项，打开【导入】对话框，如图 7-119 所示。选择已经保存的裘皮效果图片，单击【导入】按钮，将图片装入编辑器，衣片即被填充了裘皮效果。进行适当设置，效果如图 7-120 所示。

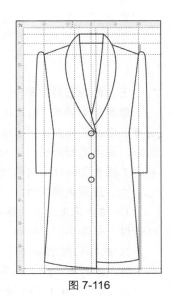

图 7-116

图 7-117   图 7-118

图 7-119

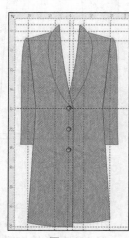

图 7-120

五、修饰服装效果

绘制阴影效果。依次选中衣袖、领子、衣身等部件，在调色板中的 ╱
图标上单击鼠标右键，选择【设置轮廓颜色】命令，将填充部分的轮廓线
删除，去掉图形外框；选中左袖子，单击阴影工具 □ ，选中袖子上部，
并向下拖曳至袖口，阴影效果如图 7-121 所示。

六、配置人体部件

1. 这里采用配置人体部件的方法。单击导入按钮 ⬇ ，打开【导入】
对话框，如图 7-122 所示。

2. 选择已经准备好的人体部件图片，单击【导入】按钮，将图 7-123
所示的人体的头、腿、手等部件一一导入。

3. 利用选择工具 ▶ 选中头部。选择【对象】→【顺序】→【向后一
层】命令，将人体的头部放置在服装前领的后部、后领口的前部，通过缩
放和旋转操作调整人体头部的大小和方向，直至符合设计要求为止。以同

图 7-121

样的方法将其他部件放置在相应位置，并调整它们的大小和方向，直至满意为止，如图 7-124 所示。

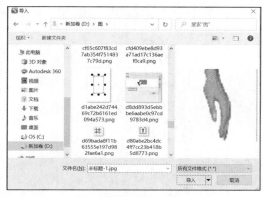

图 7-122 　　　　　　　　　　　　　　　　图 7-123

七、绘制内衣并完善效果图

选中衣身，利用形状工具 在领口部位增加节点，移动节点到领子交叉处，再利用手绘工具 绘制一个封闭三角形，为其填充其他颜色。利用选择工具 选中封闭三角形。选择【对象】→【顺序】→【向后一层】命令，将其放在前领后部及人头前部，完成女式裘皮大衣效果图的绘制，如图 7-125 所示。

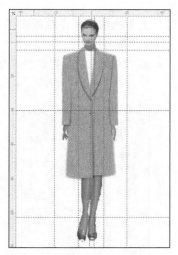 

图 7-124 　　　　　　　　　　　　　　　　图 7-125

7.11　皮革服装效果图的绘制

本节将详细介绍用 CorelDRAW 2021 绘制皮革服装效果图的步骤，效果图如图 7-126 所示。

一、导入人体，绘制服装

选择适当的人体，将其导入文件中。利用手绘工具 和形状工具 绘制服装。服装的每个部件都要形成封闭图形，如图 7-127 所示。

图 7-126

图 7-127

二、填充皮革效果

1. 选中服装的所有部件，打开【属性】面板中的【填充】选项，单击位图图样填充图标，导入已经提前制作好的皮革位图，如图 7-128 所示。

2. 通过面板下部的调整功能对其进行适当的调整，如图 7-129 所示，完成皮革服装效果图的绘制，如图 7-130 所示。

图 7-128

图 7-129

三、绘制其他效果

为内衣和鞋子填充黑色。利用矩形工具绘制矩形背景，并为其填充淡紫色。利用椭圆形工具绘制并修改人体的倒影效果，如图 7-131 所示。

图 7-130

图 7-131

　　本章介绍了数字化服装效果图的常用表现技法，其中多数是以绘制人体为基础的方法。绘制人体，对绘画水平不高的服装设计人员来说是比较困难的。为了克服这一弱点，我们可以直接将本书配套资源中提供的人体或常用服装人体姿态图片、各种服装展示图片、自己满意的其他人体照片等导入 CorelDRAW 2021 中，然后在此基础上绘制服装，这样可以获得令人满意的服装设计效果。这种方法非常简单，可以将各种绘制人体的步骤省略，然后再进行其他步骤。